W0269717

# Ergebnisse der Mathematik und ihrer Grenzgebiete

Band 42

Herausgegeben von

P. R. Halmos · P. J. Hilton · R. Remmert · B. Szőkefalvi-Nagy

Unter Mitwirkung von

L. V. Ahlfors · R. Baer · F. L. Bauer · R. Courant · A. Dold
J. L. Doob · S. Eilenberg · M. Kneser · M. M. Postnikov
H. Rademacher · B. Segre · E. Sperner

Geschäftsführender Herausgeber: P. J. Hilton

# Kurt Schütte

# Vollständige Systeme modaler und intuitionistischer Logik

Springer-Verlag Berlin Heidelberg New York 1968

Prof. Dr. K. Schütte
Mathematisches Institut
der Universität München

ISBN-13: 978-3-642-88665-2      e-ISBN-13: 978-3-642-88664-5
DOI: 10.1007/978-3-642-88664-5



Library of Congress Catalog Card Number 67-27565

Titel-Nr. 4586

# Inhalt



### I. Modalitätensysteme im Rahmen der klassischen Prädikatenlogik



### II. Syntaktische Eigenschaften schnittfreier Modalitätensysteme



### III. Beweis des Vollständigkeitssatzes für $M'$ und $S4'$



### IV. Einbettung der intuitionistischen Prädikatenlogik in $S4'$



### V. Semantik der intuitionistischen Prädikatenlogik nach KRIPKE



### VI. Semantik der intuitionistischen Prädikatenlogik nach BETH

## VII. Aussagenlogische Modalitätensysteme

# Einleitung

S. A. Kripke entwickelte in einer einheitlichen Systematik vollständige Interpretationen für viele Systeme der Modalitätenlogik, die vorher nur syntaktisch fixiert waren. Hiermit ergab sich auf dem Wege über eine quantorenlogische Erweiterung des Modalitätensystems $S4$ zugleich eine Semantik für die intuitionistische Prädikatenlogik.

Der vorliegende Ergebnisbericht behandelt im Rahmen der klassischen Prädikatenlogik zwei Modalitätensysteme, deren aussagenlogische Teile mit den Systemen M von v. Wright und $S4$ von Lewis übereinstimmen. Es gibt verschiedene Möglichkeiten, aussagenlogische Modalitätensysteme quantorenlogisch zu erweitern. Die hier gewählten Erweiterungen sind in einer naheliegenden Weise so vorgenommen, daß die Barcan-Formel (Seite 7) ungültig, aber ihre Umkehrung gültig ist.

Für die Kripke-Semantik dieser Systeme wird im III. Kapitel ein Vollständigkeitsbeweis nach den Methoden von Kripke [*13*] durchgeführt. Ein einfacherer Vollständigkeitsbeweis, der aber wesentlich weniger konstruktiv ist, wird in § 4 in Verallgemeinerung der Methode von Henkin [*7*] gegeben.

Durch eine Einbettung der intuitionistischen Prädikatenlogik in das quantorenlogische Modalitätensystem $S4'$ führt die Semantik des Systems $S4'$ zur Kripke-Semantik der intuitionistischen Prädikatenlogik. Diese Semantik wird im V. Kapitel systematisch behandelt und im VI. Kapitel (ähnlich wie in Kripke [*13*]) mit der Semantik von Beth in Beziehung gebracht.

Im letzten Kapitel, das sich auf die Aussagenlogik beschränkt, wird die Semantik von Kripke für zwei weitere Modalitätensysteme $Br$ und $S5$ neben den vorher behandelten Systemen $M$ und $S4$ entwickelt.

# I. Modalitätensysteme im Rahmen der klassischen Prädikatenlogik

## § 1. Die formalen Systeme $M^*$ und $S4^*$

Im Rahmen der klassischen Prädikatenlogik definieren wir Modalitätensysteme $M^*$ und $S4^*$, deren aussagenlogische Bestandteile mit den Systemen $M$ von G. H. v. WRIGHT und $S4$ von C. I. LEWIS äquivalent sind. Als Grundzeichen für die logischen Verknüpfungen verwenden wir der Einfachheit halber nur die Zeichen $\neg$ (nicht), $\vee$ (oder), $\bigvee$ (es gibt) und $\square$ (notwendig).

### 1. *Grundzeichen der Systeme $M^*$ und $S4^*$*

1.1. Aussagenvariablen.
1.2. Prädikatenvariablen mit zugehörigen Stellenzahlen $\geq 1$.
1.3. Freie und gebundene Objektvariablen.
1.4. Die Zeichen $\neg$, $\vee$, $\bigvee$ und $\square$.
1.5. Runde Klammern.

Mitteilungszeichen:

$a, a_1, a_2, \ldots$ für freie Objektvariablen,

$x, x_1, x_2, \ldots$ für gebundene Objektvariablen.

### 2. *Nennformen*

Eine Nennform ist eine nichtleere endliche Zeichenreihe, die nur aus Grundzeichen und einem Nennzeichen zusammengesetzt ist. Das Nennzeichen darf in einer Nennform an mehreren Stellen auftreten, braucht aber in einer Nennform nicht vorzukommen. Als Mitteilungszeichen für Nennformen verwenden wir große gotische Buchstaben.

Bezeichnet $\mathfrak{A}$ eine Nennform und $g$ ein Grundzeichen, so soll $\mathfrak{A}(g)$ diejenige Zeichenreihe bezeichnen, die sich aus $\mathfrak{A}$ ergibt, wenn das Nennzeichen überall, wo es in der Nennform $\mathfrak{A}$ auftritt, durch das Grundzeichen $g$ ersetzt wird.

Die Formeln werden für die Systeme $M^*$ und $S4^*$ in gleicher Weise definiert.

### 3. *Primformeln sind:*

3.1. die Aussagenvariablen,

3.2. die Zeichenreihen $pa_1 \ldots a_n$, die sich aus einer $n$-stelligen Prädikatenvariablen $p$ und freien Objektvariablen $a_1, \ldots, a_n$ zusammensetzen.

### 4. *Induktive Definition der Formeln*

4.1. Jede Primformel ist eine Formel.

4.2. Ist $A$ eine Formel, so sind auch $\neg A$ und $\square A$ Formeln.

4.3. Sind $A$ und $B$ Formeln, so ist auch $(A \vee B)$ eine Formel.

4.4. Ist $\mathfrak{A}(a)$ eine Formel, in der die gebundene Objektvariable $x$ nicht auftritt, so ist auch $\bigvee x\mathfrak{A}(x)$ eine Formel.

Als Mitteilungszeichen für Formeln verwenden wir große lateinische Buchstaben (auch mit Indizes). Zur Abkürzung schreiben wir $A_1 \vee A_2 \vee \cdots \vee A_n$ für eine Formel der Gestalt

$$(A_1 \vee (A_2 \vee \cdots \vee (A_{n-1} \vee A_n) \ldots))$$

Eine Formel heiße *aussagenlogisch gültig*, wenn sie aus einer allgemeingültigen Formel der klassischen Aussagenlogik durch Einsetzungen von Formeln für Aussagenvariablen hervorgeht.

5. In einem formalen System werden gewisse Formeln als *Axiome* und gewisse Zeichenreihen der Gestalt

$$A_1, \ldots, A_n \Rightarrow B$$

als *Grundschlüsse* ausgezeichnet. Hiermit wird die *Herleitbarkeit* einer Formel in dem betreffenden formalen System folgendermaßen induktiv definiert:

5.1. Jedes Axiom ist eine herleitbare Formel.

5.2. Sind alle *Prämissen* $A_1, \ldots, A_n$ eines Grundschlusses

$$A_1, \ldots, A_n \Rightarrow B$$

herleitbar, so ist auch die *Konklusion* B herleitbar.

### 6. *Axiome des formalen Systems M**

6.1. Aussagenlogische Axiome: Jede aussagenlogisch gültige Formel.

6.2. Prädikatenlogische Axiome: Jede Formel der Gestalt

$$\neg \mathfrak{A}(a) \vee \bigvee x\mathfrak{A}(x).$$

### 6.3. Modalitätenlogische Axiome: Die Formeln der Gestalt

(mA1)
$$\neg\, \Box\, A \lor A$$

(mA2)
$$\neg\, \Box\, (\neg\, A \lor B) \lor \neg\, \Box\, A \lor \Box\, B$$

### 7. *Grundschlüsse des formalen Systems M**

7.1. Aussagenlogische Grundschlüsse:

$$A,\, \neg\, A \lor B \Rightarrow B$$

(entsprechend der Schlußregel des „modus ponens")

7.2. Prädikatenlogische Grundschlüsse:

$$\neg\, \mathfrak{A}(a) \lor B \Rightarrow \neg\, \bigvee x \mathfrak{A}(x) \lor B,$$

falls die freie Objektvariable $a$ nicht in der Konklusion auftritt.

7.3. Modalitätenlogische Grundschlüsse:

$$A \Rightarrow \Box\, A$$

### 8. *Axiome und Grundschlüsse des formalen Systems S4**

Das System $S4^*$ hat dieselben Axiome und Grundschlüsse wie das System $M^*$ und außerdem als modalitätenlogische Axiome: Die Formeln der Gestalt

(mA3)
$$\neg\, \Box\, A \lor \Box\, \Box\, A$$

Mit 6.1, 6.2, 7.1 und 7.2 ergibt sich bekanntlich die klassische Prädikatenlogik. Mit den Grundschlüssen 7.3 und den Modalitätenaxiomen (mA1)–(mA3) sind nach K. GÖDEL die Modalitätensysteme $M$ (v. WRIGHT) und $S4$ (LEWIS) im Rahmen der klassischen Aussagenlogik fixiert. Die Systeme $M^*$ und $S4^*$ sind also prädikatenlogische Erweiterungen der Systeme $M$ und $S4$.

Wir definieren in § 2 Modelle nach S. A. KRIPKE und beweisen in den §§ 3 und 4, daß eine Formel genau dann in $M^*$ oder in $S4^*$ herleitbar ist, wenn sie im Sinn der betreffenden Modelltheorie allgemeingültig ist. Hiermit erhalten wir eine semantische Charakterisierung für den syntaktischen Herleitbarkeitsbegriff des § 1.

## § 2. Modelle der Modalitätenlogik

*Wahrheitswerte* (die nur formal aufgefaßt werden) bezeichnen wir mit $w$ (wahr) und $f$ (falsch).

1.   Ein *Modell* $(M, R, V, W)$ wird in folgender Weise gegeben.

1.1. $M$ ist eine nichtleere Menge.

1.2. $R$ ist eine binäre Relation auf $M$.

1.3. $V$ ist eine Funktion, die jedem $\alpha \in M$ eine nichtleere Menge $V(\alpha)$ so zuordnet, daß für alle $\alpha, \beta \in M$ gilt:

$$\alpha R \beta \Rightarrow V(\alpha) \subseteq V(\beta).$$

1.4. $W$ ist eine Funktion, die folgende Zuordnungen herstellt:

1.4.1. Jeder freien Objektvariablen $a$ wird ein Element $W(a)$ aus $\bigcup_{\alpha \in M} V(\alpha)$ zugeordnet.

1.4.2. Jeder Aussagenvariablen $v$ wird zu jedem $\alpha \in M$ ein Wahrheitswert $W(v, \alpha)$ zugeordnet.

1.4.3. Jeder $n$-stelligen Prädikatenvariablen $p$ wird zu jedem $\alpha \in M$ eine Menge $W(p, \alpha)$ von $n$-tupeln von Elementen aus $V(\alpha)$ zugeordnet.

Das Modell heißt ein *M*-Modell*, wenn die Relation $R$ *reflexiv* ist. Es heißt ein *S4*-Modell*, wenn $R$ *reflexiv* und *transitiv* ist.

2. Ist $(M, R, V, W)$ ein Modell, so verstehen wir unter einem *V-Ausdruck* eine Zeichenreihe $F'$, die sich aus einer Formel $F$ ergibt, wenn die darin auftretenden freien Objektvariablen durch Namen von Elementen aus $\bigcup_{\alpha \in M} V(\alpha)$ ersetzt werden. Für jeden $V$-Ausdruck $F'$ wird zu jedem $\alpha \in M$ in folgender Weise induktiv ein Wahrheitswert $W(F', \alpha)$ definiert:

2.1. $F'$ sei eine Aussagenvariable.

Dann ist $W(F', \alpha)$ durch das Modell gegeben.

2.2. $F'$ sei ein $V$-Ausdruck $p\xi_1 \ldots \xi_n$, in dem $p$ eine $n$-stellige Prädikatenvariable ist und $\xi_1, \ldots, \xi_n$ Namen von Elementen aus $\bigcup_{\alpha \in M} V(\alpha)$ sind. In diesem Fall sei $W(F', \alpha) = w$ genau dann, wenn $(\xi_1, \ldots, \xi) \in W(p, \alpha)$ ist.

2.3. $F'$ sei ein $V$-Ausdruck $\neg A'$. In diesem Fall sei $W(F', \alpha) = w$ genau dann, wenn $W(A', \alpha) = f$ ist.

2.4. $F'$ sei ein $V$-Ausdruck $(A' \vee B')$. In diesem Fall sei $W(F', \alpha) = w$ genau dann, wenn $W(A', \alpha) = w$ oder $W(B', \alpha) = w$ ist.

2.5. $F'$ sei ein $V$-Ausdruck $\vee x \mathfrak{A}'(x)$. In diesem Fall sei $W(F', \alpha) = w$ genau dann, wenn es ein $\xi \in V(\alpha)$ gibt, so daß $W(\mathfrak{A}'(\xi), \alpha) = w$ ist.

2.6. $F'$ sei ein $V$-Ausdruck $\Box A'$. In diesem Fall sei $W(F', \alpha) = w$ genau dann, wenn $W(A', \beta) = w$ für alle $\beta \in M$ ist, für die $\alpha R \beta$ gilt.

In jedem Fall, in dem nach 2.1–2.6 nicht $W(F', \alpha) = w$ ist, sei $W(F', \alpha) = f$. Für den Möglichkeitsoperator $\Diamond$, der durch $\neg \Box \neg$ definiert ist, ergibt sich aus 2.3 und 2.6:

**2.7.** Ist $F'$ ein $V$-Ausdruck $\Diamond A'$, so ist $W(F', \alpha) = w$ genau dann, wenn es $\beta \in M$ mit $\alpha R \beta$ und $W(A', \beta) = w$ gibt.

Ist $F$ eine Formel, so sei $F'$ derjenige $V$-Ausdruck, der sich aus $F$ ergibt, wenn jede in $F$ auftretende freie Objektvariable $a$ durch den Namen des Elementes $W(a)$ aus $\bigcup_{\alpha \in M} V(\alpha)$ ersetzt wird. Wir definieren dann $W(F, \alpha) = W(F', \alpha)$.

Hiermit ist jeder Formel $F$ in einem Modell $(M, R, V, W)$ zu jedem $\alpha \in M$ ein Wahrheitswert $W(F, \alpha)$ zugeordnet.

Aufgrund der gegebenen Definitionen kann der Modellbegriff folgendermaßen interpretiert werden: $M$ ist eine Menge von Situationen, $V(\alpha)$ der für die Situation $\alpha$ vorliegende Individuenbereich. Die Relation $R$ schränkt die Notwendigkeit bei der Situation $\alpha$ auf das ein, was bei jeder Situation $\beta$, für die $\alpha R \beta$ gilt, zutrifft. Definiert man die Möglichkeit $\Diamond A$ in üblicher Weise durch $\neg \Box \neg A$, so heißt dies: Bei der Situation $\alpha$ ist alles das möglich, was bei mindestens einer Situation $\beta$, für die $\alpha R \beta$ gilt, zutrifft. Die Relation $R$ legt also zugleich eine Möglichkeitsbeziehung und eine Notwendigkeitsbeziehung zwischen den verschiedenen Situationen fest. Diese Beziehung ist für beide Systeme $M^*$ und $S4^*$ reflexiv, für das System $S4^*$ auch transitiv.

## 3. Definition der Gültigkeit

Ein Modell $(M, R, V, W)$ heißt *zulässig* für eine Formel $F$, wenn $W(a) \in V(\alpha)$ für jede in $F$ auftretende freie Objektvariable $a$ und jedes Element $\alpha \in M$ gilt.

Eine Formel $F$ heißt *gültig* in einem Modell $(M, R, V, W)$, wenn das Modell für $F$ zulässig ist und $W(F, \alpha) = w$ für alle $\alpha \in M$ gilt.

Eine Formel $F$ heißt $M^*$-*allgemeingültig* (oder $S4^*$-*allgemeingültig*), wenn sie in jedem für $F$ zulässigen $M^*$-Modell (oder $S4^*$-Modell) gültig ist.

Wir beweisen in den §§ 3 und 4:

**Konsistenszatz.** Jede in $M^*$ (oder $S4^*$) herleitbare Formel ist $M^*$- (oder $S4^*$-) allgemeingültig.

**Vollständigkeitssatz.** Jede $M^*$- (oder $S4^*$-) allgemeingültige Formel ist in $M^*$ (oder $S4^*$) herleitbar.

## § 3. Beweis des Konsistenzsatzes

$(M, R, V, W)$ sei ein $M^*$-Modell (oder $S4^*$-Modell), und es sei $\alpha \in M$. Ist $A$ eine Formel, so bezeichne $A'$ einen $V$-Ausdruck, der sich aus $A$

ergibt, wenn für jede in $A$ auftretende freie Objektvariable der Name eines Elementes aus $V(\alpha)$ eingesetzt wird. Wir beweisen durch Herleitungsinduktion:

**Konsistenzlemma.** Ist $F$ in $M^*$ (oder $S4^*$) herleitbar, so ist $W(F', \alpha) = w$.

1. $F$ sei eine aussagenlogisch gültige Formel oder ein prädikatenlogisches Axiom $\neg \mathfrak{A}(a) \vee \bigvee x \mathfrak{A}(x)$.

Dann ergibt sich die Behauptung $W(F', \alpha) = w$ aus der Tatsache, daß dieser Wahrheitswert bezüglich der aussagenlogischen Junktoren und des Existenzquantors wie in der klassischen Prädikatenlogik definiert ist.

2. $F$ sei ein Modalitätenaxiom $\neg \square A \vee A$.

Ist $W(A', \alpha) = f$, so ist aufgrund der Reflexivität von $R$ auch $W(\square A', \alpha) = f$, also $W(\neg \square A', \alpha) = w$. Ebenso wie im Fall $W(A', \alpha) = w$ folgt $W(\neg \square A' \vee A', \alpha) = w$.

3. $F$ sei ein Modalitätenaxiom $\neg \square(\neg A \vee B) \vee \neg \square A \vee \square B$. Ist $W(\neg \square A', \alpha) = f$ und $W(\square B', \alpha) = f$, so gibt es $\beta \in M$ mit $\alpha R \beta$, so daß $W(A', \beta) = w$ und $W(B', \beta) = f$ ist. Dann ist $W(\square(\neg A' \vee B'), \alpha) = f$. Ebenso wie in den Fällen $W(\neg \square A', \alpha) = w$ und $W(\square B', \alpha) = w$ folgt $W(\neg \square(\neg A' \vee B') \vee \neg \square A' \vee \square B', \alpha) = w$.

4. $F$ sei ein Axiom $\neg \square A \vee \square \square A$ des Systems $S4^*$.

Ist $W(\square \square A', \alpha) = f$, so gibt es $\beta, \gamma \in M$ mit $\alpha R \beta$ und $\beta R \gamma$, so daß $W(\square A', \beta) = f$ und $W(A', \gamma) = f$ ist. Da die Relation $R$ in diesem Fall transitiv ist, folgt $\alpha R \gamma$ und $W(\square A', \alpha) = f$. Wie auch im Fall $W(\square \square A', \alpha) = w$ ergibt sich $W(\neg \square A' \vee \square \square A', \alpha) = w$.

5. $F$ sei durch einen aussagenlogischen Grundschluß aus Formeln $A$ und $\neg A \vee F$ erschlossen. Nach Induktionsvoraussetzung ist dann $W(A', \alpha) = w$ und $W(\neg A' \vee F', \alpha) = w$. Hieraus folgt $W(F', \alpha) = w$.

6. $F$ sei eine Formel $\neg \bigvee x \mathfrak{A}(x) \vee B$, die durch einen prädikatenlogischen Grundschluß aus $\neg \mathfrak{A}(a) \vee B$ erschlossen ist, wobei $a$ nicht in $F$ auftritt. Angenommen, es sei $W(\neg \bigvee x \mathfrak{A}'(x) \vee B', \alpha) = f$. Dann ist $W(B', \alpha) = f$, und es gibt $\xi \in V(\alpha)$ mit $W(\mathfrak{A}'(\xi), \alpha) = w$. Hieraus folgt $W(\neg \mathfrak{A}'(\xi) \vee B', \alpha) = f$, was der Induktionsvoraussetzung widerspricht.

7. $F$ sei eine Formel $\square A$, die durch einen modalitätenlogischen Grundschluß aus der Formel $A$ erschlossen ist. Für alle $\beta \in M$ mit $\alpha R \beta$ gilt $V(\alpha) \subseteq V(\beta)$, also nach Induktionsvoraussetzung $W(A', \beta) = w$. Hieraus folgt $W(\square A', \alpha) = w$.

Der Konsistenzsatz folgt unmittelbar aus dem Konsistenzlemma.

**Anmerkung.** Wie sich aus dem Konsistenzsatz ergibt, ist das von R. Barcan Marcus verwendete Axiom

$$\neg \lozenge \bigvee x(px) \vee \bigvee x \lozenge (px)$$

weder in $M^*$ noch in $S4^*$ herleitbar. Diese Formel ist nämlich für eine einstellige Prädikatenvariable $p$ in folgendem $S4^*$-Modell $(M, R, V, W)$ ungültig:

$M=\{0, 1\}$, $\alpha R\beta \leftrightarrow \alpha \leq \beta$, $V(0)=\{\xi\}$, $V(1)=\{\eta\}$, $W(p, 0)$ leer, $W(p, 1)=\{\eta\}$. In diesem Modell hat man die Wertungen: $W(p\eta, 1)=w$, also $W(\bigvee x(px), 1)=w$ und $W(\lozenge \bigvee x(px), 0)=w$. $W(p\xi, 0)=W(p\xi, 1)=f$, also $W(\lozenge (p\xi), 0)=f$. Da $V(0)=\{\xi\}$ ist, folgt $W(\bigvee x \lozenge (px), 0)=f$. Hiermit ergibt sich $W(\neg \lozenge \bigvee x(px) \vee \bigvee x \lozenge (px), 0)=f$.

Die Umkehrung

$$\neg \bigvee x \lozenge (px) \vee \lozenge \bigvee x(px)$$

der Barcan-Formel ist dagegen in $M^*$ (also auch in $S4^*$) herleitbar, nämlich folgendermaßen:

1) $\neg (pa) \vee \bigvee x(px)$ ist ein prädikatenlogisches Axiom,

2) $\neg (\neg (pa) \vee \bigvee x(px)) \vee (\neg \neg \bigvee x(px) \vee \neg (pa))$ ist aussagenlogisch gültig,

3) $\neg \neg \bigvee x(px) \vee \neg (pa)$ folgt aus 1) und 2) durch Grundschluß 7.1,

4) $\square(\neg \neg \bigvee x(px) \vee \neg (pa))$ folgt aus 3) durch Grundschluß 7.3,

5) $\neg \square(\neg \neg \bigvee x(px) \vee \neg (pa)) \vee \neg \square \neg \bigvee x(px) \vee \square \neg (pa)$ ist ein Axiom (mA2),

6) $\neg \square \neg \bigvee x(px) \vee \square \neg (pa)$ folgt aus 4) und 5) durch Grundschluß 7.1,

7) $\neg (\neg \square \neg \bigvee x(px) \vee \square \neg (pa)) \vee \neg \neg \square \neg (pa) \vee \neg \square \neg \bigvee x(px)$ ist aussagenlogisch gültig,

8) $\neg \neg \square \neg (pa) \vee \neg \square \neg \bigvee x(px)$ folgt aus 6) und 7) durch Grundschluß 7.1,

9) $\neg \lozenge (pa) \vee \lozenge \bigvee x(px)$ folgt aus 8) nach der Definition von $\lozenge$,

10) $\neg \bigvee x \lozenge (px) \vee \lozenge \bigvee x(px)$ folgt aus 9) durch Grundschluß 7.2.

## § 4. Nichtkonstruktiver Beweis des Vollständigkeitssatzes

Mit kleinen griechischen Buchstaben bezeichnen wir in diesem Paragraphen nichtleere Mengen von höchstens abzählbar unendlich vielen Formeln. $V(\alpha)$ bezeichne die Menge aller freien Objektvariablen, die in der Formelmenge $\alpha$ auftreten. $\phi(\alpha)$ sei die abzählbar unendliche Menge aller Formeln, in denen nur diejenigen Variablen (freie und gebundene Objektvariablen, Aussagenvariablen und Prädikatenvariablen) vorkommen, die in Formeln der Menge $\alpha$ enthalten sind. Es ist also $\alpha \subseteq \phi(\alpha)$ und $V(\phi(\alpha)) = V(\alpha)$.

$S^*$ sei eines der formalen Systeme $M^*$ oder $S4^*$.

1. Eine Formelmenge $\alpha$ heiße $S^*$-*inkonsistent*, wenn es $A_1, \ldots, A_n \in \alpha$ gibt, so daß die Formel

$$\neg A_1 \vee \cdots \vee \neg A_n$$

im System $S^*$ herleitbar ist. Andernfalls heiße $\alpha$ $S^*$-*konsistent*.

2. Eine Formelmenge $\alpha$ heiße $S^*$-*vollständig*, wenn sie folgende Eigenschaften hat:

2.1. $V(\alpha)$ ist nicht leer.

2.2. Zu jeder Existenzformel $\vee x \mathfrak{A}(x) \in \alpha$ gibt es eine Formel $\mathfrak{A}(a) \in \alpha$.

2.3. $\alpha$ ist $S^*$-konsistent, und für jede Formel $A \in \phi(\alpha)$ gilt $A \notin \alpha$ genau dann, wenn die Formelmenge $\alpha \cup \{A\}$ $S^*$-inkonsistent ist. (Das heißt: $\alpha$ ist eine *maximale* $S^*$-konsistente Teilmenge von $\phi(\alpha)$.)

**Lemma 1.** Jede $S^*$-konsistente Formelmenge $\alpha$ (die höchstens abzählbar unendlich viele Formeln enthält), läßt sich zu einer $S^*$-vollständigen Formelmenge erweitern.

Beweis nach L. HENKIN und G. HASENJAEGER. $b_1, b_2, b_3, \ldots$ sei eine unendliche Folge von freien Objektvariablen, die nicht zu $V(\alpha)$ gehören. $\varphi$ sei die Menge aller Formeln, die außer den in $\alpha$ auftretenden Variablen nur freie Objektvariablen aus der Folge der $b_i$ enthalten. $\vee x_k \mathfrak{A}_k(x_k)$ $(k = 1, 2, \ldots)$ sei eine Abzählung aller Existenzformeln aus der Menge $\varphi$. Für $k = 1, 2, \ldots$ definieren wir $i_k$ sukzessive als den kleinsten Index mit der Eigenschaft, daß die Vereinigung aus der gegebenen $S^*$-konsistenten Formelmenge $\alpha$ und der endlichen Formelmenge $\{\neg \vee x_j \mathfrak{A}_j(x_j) \vee \mathfrak{A}_j(b_{i_j}): j = 1, \ldots, k\}$ ebenfalls $S^*$-konsistent ist. Dann ist auch die Vereinigung $\beta$ aus der Formelmenge $\alpha$ und der Menge aller Formeln $\neg \vee x_k \mathfrak{A}_k(x_k) \vee \mathfrak{A}_k(b_{i_k})$ $(k = 1, 2, \ldots)$ $S^*$-konsistent. Man erweitere nun $\beta$ zu einer maximalen $S^*$-konsistenten Teilmenge $\gamma$ von $\varphi$. Dann ist $\alpha \subseteq \gamma$ und $\gamma$ eine $S^*$-vollständige Formelmenge.

### 3. Eigenschaften einer $S^*$-vollständigen Formelmenge $\alpha$

3.1. Ist $A \in \alpha$, so ist $\neg A \notin \alpha$ (da $\alpha$ $S^*$-konsistent ist).

3.2. Ist $A \in \phi(\alpha)$ und $A \notin \alpha$, so ist $\neg A \in \alpha$ (da $\alpha$ eine maximale $S^*$-konsistente Teilmenge von $\phi(\alpha)$ ist).

**3.3.** Ist $A \in \alpha$, $B \in \phi(\alpha)$ und $\neg A \vee B$ in $S^*$ herleitbar, so ist $B \in \alpha$.

**Beweis.** Aus den Voraussetzungen folgt, daß die Menge $\alpha \cup \{\neg B\}$ $S^*$-inkonsistent, also $\neg B \notin \alpha$ ist. Nach 3.2 folgt $B \in \alpha$.

**3.4.** Ist $A \vee B \in \alpha$, so ist $A \in \alpha$ oder $B \in \alpha$.

**Beweis.** Aus $A \vee B \in \alpha$ folgt $A, B \in \phi(\alpha)$. Ist $A \notin \alpha$ und $B \notin \alpha$, so sind $\alpha \cup \{A\}$ und $\alpha \cup \{B\}$ $S^*$-inkonsistent. Dann ist auch $\alpha \cup \{A \vee B\}$ $S^*$-inkonsistent, also $A \vee B \notin \alpha$.

**3.5.** Ist $A \vee B \in \phi(\alpha)$ und $A \in \alpha$ oder $B \in \alpha$, so ist $A \vee B \in \alpha$ (nach 3.3).

**3.6.** $\vee x \mathfrak{A}(x) \in \alpha$ genau dann, wenn es $\mathfrak{A}(a) \in \alpha$ gibt.

**Beweis.** Aus $\mathfrak{A}(a) \in \alpha$ folgt $\vee x \mathfrak{A}(x) \in \alpha$ nach 3.3. Die Umkehrung gilt, weil $\alpha$ eine $S^*$-vollständige Formelmenge ist.

**3.7.** Ist $\square A \in \alpha$, so ist auch $A \in \alpha$ (nach 3.3).

**4.** Ein Mengensystem $M$ heiße $S^*$-*vollständig*, wenn es folgende Eigenschaften hat:

**4.1.** Jedes Element von $M$ ist eine $S^*$-vollständige Formelmenge.

**4.2.** Ist $\alpha \in M$, $\alpha' = \{A : \square A \in \alpha\}$, $B \in \phi(\alpha)$ und $\alpha' \cup \{B\}$ eine $S^*$-konsistente Formelmenge, so gibt es $\beta \in M$ mit $\alpha' \cup \{B\} \subseteq \beta$.

**Lemma 2.** Zu jeder $S^*$-vollständigen Formelmenge $\alpha_0$ gibt es ein $S^*$-vollständiges Mengensystem $M$ mit $\alpha_0 \in M$ und $V(\alpha_0) \subseteq V(\alpha)$ für alle $\alpha \in M$.

**Beweis.** Ein solches Mengensystem $M$ ergibt sich als die Vereinigung einer Folge $M_0, M_1, M_2, \ldots$ von Mengensystemen, die folgendermaßen gebildet sind. $M_0$ enthalte nur die gegebene Formelmenge $\alpha_0$. $M_{n+1}$ sei ein System von Formelmengen, die nach Lemma 1 so zu bilden sind, daß es zu jedem $\alpha \in M_n$ und $\beta \in \phi(\alpha)$ ein $\beta \in M_{n+1}$ mit der in 4.2 geforderten Eigenschaft gibt. Die Vereinigung $M$ aus allen diesen Mengensystemen $M_n$ enthält höchstens abzählbar unendlich viele Formelmengen.

**5.** Auf einem $S^*$-vollständigen Mengensystem $M$ definieren wir folgendermaßen eine *binäre Relation R*:

Für $\alpha, \beta \in M$ soll $\alpha R \beta$ genau dann gelten, wenn $\{A : \square A \in \alpha\} \subseteq \beta$ ist.

**5.1.** Die Relation $R$ ist reflexiv.

**Beweis** nach 3.7.

**5.2.** Ist $S^*$ das System $S4^*$, so ist die Relation $R$ transitiv.

**Beweis.** Es sei $\alpha R \beta$, $\beta R \gamma$ und $\square A \in \alpha$. Da $\neg \square A \vee \square \square A$ ein Axiom von $S4^*$ ist, folgt nach 3.3 $\square\square A\in\alpha$. Mit $\alpha R\beta$ und $\beta R\gamma$ folgt $\square A\in\beta$ und $A\in\gamma$. Somit gilt $\alpha R\gamma$.

5.3. Ist $\alpha R\beta$, so ist $V(\alpha)\subseteq V(\beta)$.

Beweis. Für jede Formel $A\in\phi(\alpha)$ ist $\square(A\vee\neg A)\in\alpha$, also $A\vee\neg A\in\beta$.

5.4. Ist $A\in\beta$ für alle $\beta\in M$ mit $\alpha R\beta$, so ist $\square A\in\alpha$.

Beweis. Da $R$ reflexiv ist, gilt nach Voraussetzung $A\in\alpha$. Es sei $\alpha'=\{A_i:\square A_i\in\alpha\}$. Angenommen, $\alpha'\cup\{\neg A\}$ sei $S^*$-konsistent. Da $M$ ein $S^*$-vollständiges Mengensystem ist, gibt es dann ein $\beta\in M$ mit $\alpha'\cup\{\neg A\}\subseteq\beta$. Aus $\alpha'\subseteq\beta$ folgt $\alpha R\beta$, und aus $\neg A\in\beta$ folgt $A\notin\beta$. Dies widerspricht der Voraussetzung. Folglich ist die Formelmenge $\alpha'\cup\{\neg A\}$ $S^*$-inkonsistent. Es gibt also $A_1,\ldots,A_n$ so daß $\neg A_1\vee\cdots\vee\neg A_n\vee A$ in $S^*$ herleitbar ist. Dann ist auch die Formel $\neg\square A_1\vee\cdots\vee\neg\square A_n\vee\square A$ in $S^*$ herleitbar. Da alle $\square A_i\in\alpha$ sind, ist also $\alpha\cup\{\neg\square A\}$ $S^*$-inkonsistent. Daher ist $\neg\square A\notin\alpha$. Da $\square A\in\phi(\alpha)$ ist, folgt nach 3.2 $\square A\in\alpha$.

6. *Definition eines Modelles* $(M, R, V, W)$ über einem $S^*$-vollständigen Mengensystem $M$.

6.1. $M$, $R$ und $V$ sind bereits definiert.

6.2. Für jede freie Objektvariable $a$, die in $M$ auftritt, sei $W(a)=a$, also $W(a)\in\bigcup_{\alpha\in M} V(\alpha)$.

6.3. Für jede Aussagenvariable $v$ und $\alpha\in M$ sei $W(v, \alpha)=w$ genau dann, wenn $v\in\alpha$ ist.

6.4. Für jede $n$-stellige Prädikatenvariable $p$ und $\alpha\in M$ sei $W(p, \alpha)$ die Menge derjenigen $n$-tupel $(a_1,\ldots, a_n)$ von freien Objektvariablen, für die $pa_1\ldots a_n\in\alpha$ ist.

Nach (5.1)–(5.3) ist $(M, R, V, W)$ ein $S^*$-Modell.

**Lemma 3.** Für jede Formel $F\in\phi(\alpha)$ gilt $W(F, \alpha)=w$ genau dann, wenn $F\in\alpha$ ist.

Beweis durch Induktion nach der Länge der Formel $F$.

1. $F$ sei eine Primformel.
Dann ergibt sich die Behauptung aus der Definition von $W$.

2. $F$ sei $\neg A$.
Nach 3.1 und 3.2 gilt $F\in\alpha$ genau dann, wenn $A\notin\alpha$ ist. Dies ist nach der Induktionsvoraussetzung genau der Fall, wenn $W(A, \alpha)=f$, also $W(F, \alpha)=w$ ist.

3. $F$ sei $A\vee B$.

Nach 3.4 und 3.5 gilt $F \in \alpha$ genau dann, wenn $A \in \alpha$ oder $B \in \alpha$ ist. Dies ist nach der Induktionsvoraussetzung genau dann der Fall, wenn $W(A, \alpha) = w$ oder $W(B, \alpha) = w$ ist, also wenn $W(F, \alpha) = w$ ist.

4. $F$ sei $\bigvee x \mathfrak{A}(x)$.

Nach 3.6 gilt $F \in \alpha$ genau dann, wenn es $\mathfrak{A}(a) \in \alpha$ gibt. Dies ist nach der Induktionsvoraussetzung genau dann der Fall, wenn es $a \in V(\alpha)$ mit $W(\mathfrak{A}(a), \alpha) = w$ gibt, also wenn $W(F, \alpha) = w$ ist.

5. $F$ sei $\square A$.

Nach 5.4 und der Definition von $R$ gilt $F \in \alpha$ genau dann, wenn $A \in \beta$ für alle $\beta \in M$ mit $\alpha R \beta$ gilt. Dies ist nach der Induktionsvoraussetzung genau dann der Fall, wenn $W(A, \beta) = w$ für alle $\beta \in M$ mit $\alpha R \beta$ gilt, also wenn $W(F, \alpha) = w$ ist.

### Beweis des Vollständigkeitssatzes

$F$ sei eine Formel, die im System $S^*$ nicht herleitbar ist. Dann ist $\{\neg F\}$ eine $S^*$-konsistente Formelmenge. Nach Lemma 1 gibt es eine $S^*$-vollständige Formelmenge $\alpha_0$ mit $\neg F \in \alpha_0$. Nach Lemma 2 gibt es ein $S^*$-vollständiges Mengensystem $M$ mit $\alpha_0 \in M$ und $V(\alpha_0) \subseteq V(\alpha)$ für alle $\alpha \in M$. Das nach 6. definierte $S^*$-Modell $(M, R, V, W)$ ist zulässig für $F$, und nach Lemma 3 ist $W(\neg F, \alpha_0) = w$, also $W(F, \alpha_0) = f$. Somit ist die Formel $F$ nicht $S^*$-allgemeingültig.

# II. Syntaktische Eigenschaften schnittfreier Modalitätensysteme

## § 5. Die formalen Systeme $M'$ und $S4'$

Wir definieren formale Systeme, die mit $M^*$ und $S4^*$ äquivalent sind, aber im Unterschied zu jenen Systemen auf Grundschlüssen beruhen, nach denen die Herleitungen im Sinne von GENTZEN umweglos geführt werden. Diese Systeme werden wir gebrauchen, um den Vollständigkeitssatz auf einem anderen Wege als in § 4 mit möglichst konstruktiven Methoden zu beweisen und eine Einbettung der intuitionistischen Prädikatenlogik in die Modalitätenlogik vorzunehmen.

Die Grundzeichen und Formeln der formalen Systeme $M'$ und $S4'$ sind dieselben wie für $M^*$ und $S4^*$. Die Axiome und Grundschlüsse beziehen sich auf Positiv- und Negativteile der Formeln.

1. Induktive Definition der *Positiv- und Negativteile* einer Formel $F$.

1.1. $F$ ist ein Positivteil von $F$.

1.2. Ist $\neg A$ ein Positivteil von $F$, so ist $A$ ein Negativteil von $F$.

1.3. Ist $\neg A$ ein Negativteil von $F$, so ist $A$ ein Positivteil von $F$.

1.4. Ist $(A \vee B)$ ein Positivteil von $F$, so sind auch $A$ und $B$ Positivteile von $F$.

Mit $F[A_+]$ oder $F[A_-]$ bezeichnen wir eine Formel, in der die Formel $A$ an einer bestimmten Stelle als ein Positivteil oder als ein Negativteil auftritt. Entsprechend sind $F[A_+, B_+]$, $F[A_+, B_-]$ und $F[A_-, B_-]$ zu verstehen, wobei vorausgesetzt wird, daß sich die mit $A$ und $B$ bezeichneten Formelteile in der betreffenden Formel nicht überschneiden.

Als *Minimalteile* einer Formel $F$ bezeichnen wir diejenigen Positiv- und Negativteile von $F$, die keinen Positiv- oder Negativteil von $F$ echt enthalten. *Minimale Positivteile* sind Primformeln oder Formeln der Gestalt $\vee x \mathfrak{A}(x)$ oder $\square A$. *Minimale Negativteile* sind Primformeln oder Formeln der Gestalt $(A \vee B)$, $\vee x \mathfrak{A}(x)$ oder $\square A$.

2. *Axiome der Systeme $M'$ und $S4'$* sind alle Formeln $F[P_+, P_-]$, in denen $P$ eine Primformel ist.

3. Die *Grundschlüsse des Systems $M'$* haben die Gestalt:

(G1) $F[(A \lor B)_-] \lor \lnot A, F[(A \lor B)_-] \lor \lnot B \Rightarrow F[(A \lor B)_-]$

(G2) $F[\lor x\mathfrak{A}(x)_-] \lor \lnot \mathfrak{A}(a) \Rightarrow F[\lor x\mathfrak{A}(x)_-]$ mit der Variablenbedingung: Die freie Objektvariable $a$ darf nicht in der Konklusion auftreten.

(G3) $F[\lor x\mathfrak{A}(x)_+] \lor \mathfrak{A}(a) \Rightarrow F[\lor x\mathfrak{A}(x)_+]$

(G4) $F[\Box A_-] \lor \lnot A \Rightarrow F[\Box A_-]$

(G5) $\lnot A_1 \lor \cdots \lor \lnot A_n \lor B \Rightarrow F[\Box B_+]$ unter der Bedingung, daß $\Box A_1, \ldots, \Box A_n$ als Negativteile in der Konklusion auftreten.

4. *Grundschlüsse des Systems $S4'$* sind

(G1)–(G4) und außerdem

(G5') $\lnot \Box A_1 \lor \cdots \lor \lnot \Box A_n \lor B \Rightarrow F[\Box B_+]$ unter der Bedingung, daß $\Box A_1, \ldots, \Box A_n$ als Negativteile in der Konklusion auftreten.

Für die Schlüsse (G5) und (G5') ist auch zugelassen, daß die Prämisse nur aus der Formel B besteht.

Die in den Konklusionen der Grundschlüsse bezeichneten Positiv- und Negativteile heißen die *Hauptteile* der betreffenden Grundschlüsse. Alle Hauptteile der Grundschlüsse sind Minimalteile der Konklusionen.

Die in den Grundschlüssen (G2) und (G3) mit $a$ bezeichnete freie Objektvariable heißt die *Eigenvariable* des betreffenden Grundschlusses.

Die Grundschlüsse (G1)–(G4) sind Kürzungsschlüsse, bei denen die Konklusion in jeder Prämisse als echte Teilformel enthalten ist. Nur bei den Grundschlüssen (G5) und (G5') enthält die Prämisse weniger logische Grundzeichen als die Konklusion.

Die Positivteile haben die semantische Eigenschaft, daß aus der Wahrheit eines Positivteiles einer Formel $F$ auf die Wahrheit der Formel $F$ geschlossen werden kann. Es gilt nämlich:

**Satz 5.1.** Jede Formel $\lnot A \lor F[A_+]$ ist aussagenlogisch gültig.

Beweis durch Induktion nach der Länge der Formel $F[A_+]$. Nach der Definition der Positiv- und Negativteile hat $F[A_+]$ eine der Gestalten $A$, $\lnot \lnot G[A_+]$, $G[A_+] \lor B$ oder $B \lor G[A_+]$. Mit der Induktionsvoraussetzung, nach der $\lnot A \lor G[A_+]$ aussagenlogisch gültig ist, ergibt sich in jedem Fall die aussagenlogische Gültigkeit der Formel $\lnot A \lor F[A_+]$.

Mit diesem Satz beweisen wir:

**Satz 5.2.** Jede im System $M'$ (oder $S4'$) herleitbare Formel ist in $M^*$ (oder $S4^*$) herleitbar.

Beweis durch Herleitungsinduktion. Nach der Definition der Positiv-

und Negativteile hat jede Formel $F[A_-]$ die Gestalt $G[\neg A_+]$. Hiermit ergibt sich:

1. Die Formeln $\neg P \vee F[P_+, P_-]$ und $\neg \neg P \vee F[P_+, P_-]$ sind nach Satz 5.1 aussagenlogisch gültig. Folglich ist jedes Axiom $F[P_+, P_-]$ der Systeme $M'$ und $S4'$ aussagenlogisch gültig.

2. Ist $S$ ein Grundschluß nach den Regeln (G1)–(G4), so läßt sich aus den Prämissen von $S$ mit den Regeln der klassischen Prädikatenlogik und dem Modalitätenaxiom $\neg \Box A \vee A$ auf eine Formel $F[C_+] \vee C$ schließen, wobei $F[C_+]$ die Konklusion des Grundschlusses $S$ ist. Da nach Satz 5.1 $\neg C \vee F[C_+]$ aussagenlogisch gültig ist, ist auch die Formel $\neg (F[C_+] \vee C) \vee F[C_+]$ aussagenlogisch gültig. Somit kann in den Systemen $M^*$ und $S4^*$ aus den Prämissen des Grundschlusses $S$ auf seine Konklusion $F[C_+]$ geschlossen werden.

3. Aus einer Formel

$$\neg A_1 \vee \cdots \vee \neg A_m \vee B$$

läßt sich mit modalitätenlogischen Schlüssen $C \Rightarrow \Box C$ und dem Modalitätenaxiom (mA2) nach den Regeln der klassischen Aussagenlogik auf die Formel

$$\neg \Box A_1 \vee \cdots \vee \neg \Box A_m \vee \Box B$$

schließen. Benutzt man auch das Modalitätenaxiom (mA3) des Systems $S4^*$, so kann man diese Formel auch aus

$$\neg \Box A_1 \vee \cdots \vee \neg \Box A_m \vee B$$

erschließen. Somit ergibt sich in $M^*$ oder $S4^*$ aus der Prämisse eines Grundschlusses (G5) oder (G5') eine Formel $C_1 \vee \cdots \vee C_n$, die sich nur aus Positivteilen $C_1, \ldots, C_n$ der Konklusion $K$ zusammensetzt. Aus Satz 5.1 folgt, daß die Formel

$$\neg (C_1 \vee \cdots \vee C_n) \vee K$$

aussagenlogisch gültig ist. Somit kann die Konklusion $K$ in $M^*$ (oder $S4^*$) aus der Prämisse erschlossen werden.

In § 7 werden wir auch die Umkehrung des Satzes 5.2 syntaktisch nachweisen. Hierzu brauchen wir den Hauptsatz von GENTZEN für die Systeme $M'$ und $S4'$, den wir in § 6 beweisen.

## § 6. Zulässige Schlüsse

Ein Schluß

$$A_1, \ldots, A_n \Rightarrow B$$

heißt *zulässig* in einem formalen System $\Sigma$, wenn aus der Herleitbarkeit der Prämissen $A_1,\ldots,A_n$ (im System $\Sigma$) auf die Herleitbarkeit der Konklusion $B$ (in $\Sigma$) geschlossen werden kann. Wenn wir in diesem Paragraphen von zulässigen Schlüssen sprechen, so meinen wir dabei die Zulässigkeit in jedem der beiden formalen Systeme $M'$ und $S4'$. Allgemeine Schemata für zulässige Schlüsse bezeichnen wir als zulässige *Schlußregeln*.

Sind $a_1,\ldots,a_n$ paarweise verschiedene freie Objektvariablen so bezeichne

$$F\begin{pmatrix} a_1\ldots a_n \\ b_1\ldots b_n \end{pmatrix}$$

diejenige Formel, die sich aus der Formel $F$ ergibt, wenn jede Variable $a_i$ überall, wo sie in $F$ auftritt, durch die freie Objektvariable $b_i$ ersetzt wird.

**Satz 6.1.** Eine zulässige Schlußregel ist die *Einsetzungsregel*

$$F \Rightarrow F\begin{pmatrix} a_1\ldots a_n \\ b_1\ldots b_n \end{pmatrix}.$$

Beweis durch Herleitungsinduktion.

1. $F$ sei ein Axiom. Dann ist auch $F\begin{pmatrix} a_1\ldots a_n \\ b_1\ldots b_n \end{pmatrix}$ ein Axiom.

2. $F$ sei durch einen Grundschluß (G2) aus $F \vee \neg \mathfrak{A}(a)$ erschlossen. Da die Eigenvariable $a$ nicht in $F$ auftritt, können wir ohne Beschränkung der Allgemeinheit annehmen, daß $a$ nicht unter den $a_1,\ldots,a_n$ vorkommt. $c$ sei eine von allen $a_1\ldots,a_n,b_1,\ldots,b_n$ verschiedene freie Objektvariable, die nicht in $F$ auftritt. Mit $F \vee \neg \mathfrak{A}(a)$ ist nach Induktionsvoraussetzung auch $F\begin{pmatrix} a_1\ldots a_n \\ b_1\ldots b_n \end{pmatrix} \vee \neg \mathfrak{A}(c)\begin{pmatrix} a_1\ldots a_n \\ b_1\ldots b_n \end{pmatrix}$ herleitbar. Mit einem Grundschluß (G2) folgt $F\begin{pmatrix} a_1\ldots a_n \\ b_1\ldots b_n \end{pmatrix}$.

3. $F$ sei durch einen anderen Grundschluß aus $F_i$ ($i=1, 2$ oder $i=1$) erschlossen. Nach Induktionsvoraussetzung ist $F_i\begin{pmatrix} a_1\ldots a_n \\ b_1\ldots b_n \end{pmatrix}$ herleitbar.

Mit einem entsprechenden Grundschluß folgt $F\begin{pmatrix} a_1\ldots a_n \\ b_1\ldots b_n \end{pmatrix}$.

**Satz 6.2.** Eine zulässige Schlußregel ist die *Vertauschungsregel* $F[A_+, B_+] \Rightarrow F[B_+, A_+]$.

Beweis. Dies ergibt sich unmittelbar durch Herleitungsinduktion aufgrund der allgemeinen Formulierung der Axiome und Grundschlüsse.

**Satz 6.3.** Eine zulässige Schlußregel ist die *Abschwächungsregel* $A \Rightarrow A \vee B$.

Beweis durch Herleitungsinduktion.

1. $A$ sei ein Axiom. Dann ist auch $A \vee B$ ein Axiom.

2. $A$ sei durch einen Grundschluß (G1), (G3) oder (G4) aus $A \vee A_i$ ($i = 1, 2$ oder $i = 1$) erschlossen. Nach Induktionsvoraussetzung ist $(A \vee A_i) \vee B$ herleitbar. Nach der Vertauschungsregel folgt $(A \vee B) \vee A_i$, und mit einem entsprechenden Grundschluß folgt $(A \vee B)$.

3. $A$ sei durch einen Grundschluß (G2) aus $A \vee \neg \mathfrak{A}(a)$ erschlossen. $b$ sei eine von $a$ verschiedene freie Objektvariable, die nicht in $A \vee B$ auftritt. Nach Induktionsvoraussetzung ist $(A \vee \neg \mathfrak{A}(a)) \vee B \binom{a}{b}$ herleitbar. Mit der Vertauschungsregel und einem Grundschluß (G2) folgt $A \vee B \binom{a}{b}$. Nach der Einsetzungsregel folgt $A \vee B$.

4. $A$ sei durch einen Grundschluß (G5) oder (G5') aus einer Formel $A_0$ erschlossen. Nach derselben Grundschlußregel folgt dann auch $A \vee B$ aus $A_0$.

**Induktive Definition von $F[.]$.** Aus einer Formel $F[A]$ mit Positivteil oder Negativteil $A$ bilden wir durch Streichung dieses Formelteiles in folgender Weise die Formel oder leere Zeichenreihe $F[.]$.

1. Ist $F[A]$ die Formel $A$, so sei $F[.]$ die leere Zeichenreihe.

2. Ist $F[A]$ eine Formel $G[\neg A]$, so sei $F[.]$ dasselbe wie $G[.]$.

3. Ist $F[A]$ eine Formel $G[(A \vee B)]$ oder $G[(B \vee A)]$, so sei $F[.]$ die Formel $G[B]$.

**Satz 6.4.** Eine zulässige Schlußregel ist die *Kürzungsregel*

$$F[A, A] \Rightarrow F[A, .]$$

für eine Formel $F[A, A]$, in der die Formel $A$ entweder an beiden bezeichneten Stellen als Positivteil oder an beiden Stellen als Negativteil auftritt.

Beweis. Dies ergibt sich unmittelbar durch Herleitungsinduktion.

Entsprechend dem Hauptsatz von GENTZEN haben wir:

**Satz 6.5.** Eine zulässige Schlußregel ist die *Schnittregel*

$$F_1[C_+], F_2[C_-] \Rightarrow F_1[.] \vee F_2[.].$$

Wir beweisen diesen Satz durch Induktion nach der Länge der Formel $C$ mit eingeschachtelten Herleitungsinduktionen für die Prämissen. Unsere Voraussetzung lautet:

Für die Formeln $F_1[C_+]$ und $F_2[C_-]$ liegen Herleitungen $\mathbf{H}_1$ und $\mathbf{H}_2$ (aus den Axiomen mit Hilfe der Grundschlußregeln) vor.

Zum Beweis der Behauptung, daß dann $F_1[.] \vee F_2[.]$ eine herleitbare Formel ist, benutzen wir folgende drei Induktionsvoraussetzungen:

(I.V.1)  Enthält eine Formel $A$ weniger logische Zeichen als die Formel $C$, so darf aus der Herleitbarkeit von Formeln $G_1[A_+]$ und $G_2[A_-]$ auf die Herleitbarkeit von $G_1[.] \vee G_2[.]$ geschlossen werden.

(I.V.2)  Hat eine Formel $G_2[C_-]$ eine kürzere Herleitung als $\mathbf{H}_2$, so darf aus der Herleitbarkeit einer Formel $G_1[C_+]$ auf die Herleitbarkeit von $G_1[.] \vee G_2[.]$ geschlossen werden.

(I.V.3)  Hat eine Formel $G_1[C_+]$ eine kürzere Herleitung als $\mathbf{H}_1$, so ist $G_1[.] \vee F_2[.]$ herleitbar.

Wir beweisen nun in Fallunterscheidungen, daß $F_1[.] \vee F_2[.]$ unter diesen Voraussetzungen herleitbar ist.

1. $C$ sei eine Primformel.

1.1. $F_2[C_-]$ sei ein Axiom. Ist $F_2[.]$ ein Axiom, so auch $F_1[.] \vee F_2[.]$. Andernfalls ist $F_2[.]$ eine Formel mit Positivteil $C$. Aus $F_1[C_+]$ folgt dann nach der Abschwächungsregel $F_1[C_+] \vee F_2[.]$ und nach der Kürzungsregel $F_1[.] \vee F_2[.]$.

1.2. $F_2[C_-]$ sei durch einen Grundschluß (G1), (G3) oder (G4) aus $F_2[C_-] \vee A_i$ ($i=1$, 2 oder $i=1$) erschlossen. Nach (I.V.2) ist $F_1[.] \vee (F_2[.] \vee A_i)$ herleitbar. Mit der Vertauschungsregel und einem entsprechenden Grundschluß folgt $F_1[.] \vee F_2[.]$.

1.3. $F_2[C_-]$ sei durch einen Grundschluß (G2) mit der Eigenvariablen $a$ aus $F_2[C_-] \vee \neg \mathfrak{A}(a)$ erschlossen. $b$ sei eine freie Objektvariable, die nicht in $F_1[C_+] \vee F_2[C_-]$ auftritt. Ebenso wie $F_2[C_-] \vee \neg \mathfrak{A}(a)$ hat auch $F_2[C_-] \vee \neg \mathfrak{A}(b)$ eine kürzere Herleitung als $\mathbf{H}_2$. Nach (I.V.2) folgt $F_1[.] \vee (F_2[.] \vee \neg \mathfrak{A}(b))$. Mit der Vertauschungsregel und einem Grundschluß (G2) folgt $F_1[.] \vee F_2[.]$.

1.4. $F_2[C_-]$ sei durch einen Grundschluß (G5) oder (G5') aus einer Formel $A$ erschlossen. Nach derselben Grundschlußregel folgt auch $F_1[.] \vee F_2[.]$ aus $A$.

2. $C$ sei eine Formel $\neg A$. Aus $F_2[\neg A_-]$ und $F_1[\neg A_+]$ folgt nach (I.V.1) $F_2[.] \lor F_1[.]$. Nach der Vertauschungsregel folgt $F_1[.] \lor F_2[.]$.

3. $C$ sei eine Formel $A \lor B$ oder $\bigvee x\mathfrak{A}(x)$.

3.1. $F_2[C_-]$ sei entweder ein Axiom oder durch einen Grundschluß erschlossen, der nicht den Negativteil $C$ als Hauptteil hat. Dann ergibt sich die Behauptung wie in den Fällen 1.1–1.4.

3.2. $C$ sei $A \lor B$, und $F_2[C_-]$ sei durch einen Grundschluß (G1) mit dem Hauptteil $C$ aus $F_2[C_-] \lor \neg A$ und $F_2[C_-] \lor \neg B$ erschlossen. Nach (I.V.2) sind $F_1[.] \lor (F_2[.] \lor \neg A)$ und $F_1[.] \lor (F_2[.] \lor \neg B)$ herleitbar. Aus $F_1[(A \lor B)_+]$ und $F_1[.] \lor (F_2[.] \lor \neg A)$ folgt nach (I.V.1) $F_1[B_+] \lor (F_1[.] \lor F_2[.])$. Mit $F_1[.] \lor (F_2[.] \lor \neg B)$ folgt nach (I.V.1) $(F_1[.] \lor (F_1[.] \lor F_2[.])) \lor (F_1[.] \lor F_2[.])$. Nach der Kürzungsregel folgt $F_1[.] \lor F_2[.]$.

3.3. $C$ sei $\bigvee x\mathfrak{A}(x)$, und $F_2[C_-]$ sei durch einen Grundschluß (G2) mit dem Hauptteil $C$ aus $F_2[C_-] \lor \neg\mathfrak{A}(a)$ erschlossen.

3.3.1. $F_1[C_+]$ sei entweder ein Axiom oder durch einen Grundschluß erschlossen, der nicht den Positivteil $C$ als Hauptteil hat. Dann ergibt sich die Behauptung entsprechend wie für die Fälle 1.1–1.4 mit Benutzung von (I.V.3) anstatt (I.V.2).

3.3.2. $F_1[C_+]$ sei durch einen Grundschluß (G3) mit dem Hauptteil $C$ aus $F_1[C_+] \lor \mathfrak{A}(b)$ erschlossen. Ebenso wie $F_2[C_-] \lor \neg\mathfrak{A}(a)$ hat auch $F_2[C_-] \lor \neg\mathfrak{A}(b)$ eine kürzere Herleitung als $\mathbf{H}_2$. Nach (I.V.3) und (I.V.2) sind $(F_1[.] \lor \mathfrak{A}(b)) \lor F_2[.]$ und $F_1[.] \lor (F_2[.] \lor \neg\mathfrak{A}(b))$ herleitbar. Nach (I.V.1) und der Kürzungsregel folgt $F_1[.] \lor F_2[.]$.

4. $C$ sei eine Formel $\square A$.

4.1. $F_1[C_+]$ sei entweder ein Axiom oder durch einen Grundschluß erschlossen, der nicht den Positivteil $C$ als Hauptteil hat. Dann ergibt sich die Behauptung wie für 3.3.1.

4.2. $F_2[C_-]$ sei entweder ein Axiom oder durch einen Grundschluß erschlossen, der nicht den Negativteil $C$ als Hauptteil hat. Falls es sich um einen Grundschluß (G5) oder (G5′) handelt, möge $A$ oder $\square A$ nicht als Negativteil in der Prämisse dieses Grundschlusses auftreten. Dann ergibt sich die Behauptung wie für 1.1–1.4.

4.3. $F_1[C_+]$ sei durch einen Grundschluß (G5) aus einer Formel

$$\neg A_1 \lor \cdots \lor \neg A_m \lor A$$

erschlossen, und $F_2[C_-]$ sei durch einen Grundschluß (G4) aus $F_2[C_-] \lor \neg A$ erschlossen. Nach (I.V.2) ist $F_1[.] \lor (F_2[.] \lor \neg A)$ herleitbar. Nach (I.V.1) folgt $(\neg A_1 \lor \cdots \lor \neg A_m) \lor (F_1[.] \lor F_2[.])$. Die Formeln

$\square A_1, \ldots, \square A_m$ treten als Negativteile in $F_1\,[.]$ auf. Mit der Vertauschungsregel und Grundschlüssen (G4) folgt daher $F_1\,[.] \vee F_2\,[.]$.

4.4. $F_1\,[C_+]$ sei durch einen Grundschluß (G5′) aus

$$\neg\,\square A_1 \vee \cdots \vee \neg\,\square A_m \vee A$$

erschlossen, und $F_2\,[C_-]$ sei wie unter 4.3 aus $F_2\,[C_-] \vee \neg A$ erschlossen. Nach (I.V.2) ist $F_1\,[.] \vee (F_2\,[.] \vee \neg A)$ herleitbar, und nach (I.V.1) folgt $(\neg\,\square A_1 \vee \cdots \neg\,\square A_m) \vee (F_1\,[.] \vee F_2\,[.])$. Hieraus folgt $F_1\,[.] \vee F_2\,[.]$ nach der Kürzungsregel.

4.5. $F_1\,[C_+]$ und $F_2\,[C_-]$ seien durch Grundschlüsse (G5) aus Formeln

$$\neg\,A_1 \vee \cdots \vee \neg\,A_m \vee A \quad \text{und} \quad \neg\,B_1 \vee \cdots \vee \neg\,B_n \vee B$$

erschlossen, wobei $A$ eine der Formeln $B_1, \ldots, B_n$ ist. Nach (I.V.1) ergibt sich hieraus eine Formel, aus der $F_1\,[.] \vee F_2\,[.]$ durch einen Grundschluß (G5) folgt.

4.6. $F_1\,[C_+]$ und $F_2\,[C_-]$ seien durch Grundschlüsse (G5′) aus Formeln

$$\neg\,\square A_1 \vee \cdots \neg\,\square A_m \vee A \quad \text{und} \quad \neg\,\square B_1 \vee \cdots \vee \neg\,\square B_n \vee B$$

erschlossen, wobei $\square A$ eine der Formeln $\square B_1, \ldots, \square B_n$ ist. Mit einem Grundschluß (G5′) folgt aus der ersten Formel

$$\neg\,\square A_1 \vee \cdots \vee \neg\,\square A_m \vee \square A\,.$$

Hieraus folgt mit der zweiten Formel nach (I.V.2) eine Formel, aus der $F_1\,[.] \vee F_2\,[.]$ durch einen Grundschluß (G5′) folgt.

## § 7. Herleitbare Formeln

Wir beweisen in diesem Paragraphen, daß jede in $M^*$ (oder $S4^*$) herleitbare Formel auch in $M'$ (oder $S4'$) herleitbar ist.

**Satz 7.1.** Jede Formel $F[C_+, C_-]$ ist in $M'$ und in $S4'$ herleitbar.

Beweis durch Induktion nach der Länge der Formel $C$.

1. $C$ sei eine Primformel. Dann ist $F[C_+, C_-]$ ein Axiom.

2. $C$ sei $\neg A$. Dann ist $F[C_+, C_-]$ eine nach Induktionsvoraussetzung herleitbare Formel $G[A_+, A_-]$.

3. $C$ sei $A \vee B$. Nach Induktionsvoraussetzung sind $F[C_+, C_-] \vee \neg A$ und $F[C_+, C_-] \vee \neg B$ herleitbar. Mit einem Grundschluß (G1) folgt $F[C_+, C_-]$.

4. $C$ sei $\vee x \mathfrak{A}(x)$. Nach Induktionsvoraussetzung ist die Formel $(F[C_+, C_-] \vee \neg \mathfrak{A}(a)) \vee \mathfrak{A}(a)$ herleitbar. Dabei sei $a$ eine freie Objektvariable, die nicht in $F[C_+, C_-]$ auftritt. Mit Grundschlüssen (G3) und (G2) folgt $F[C_+, C_-]$.

5. $C$ sei $\square A$. Nach Induktionsvoraussetzung ist $\neg A \vee A$ in $M'$ herleitbar. Mit einem Grundschluß (G5) folgt $F[C_+, C_-]$. Nach Induktionsvoraussetzung ist auch $(\neg \square A \vee A) \vee \neg A$ in $S4'$ herleitbar. Mit Grundschlüssen (G4) und (G5') folgt $F[C_+, C_-]$.

**Satz 7.2.** Jede aussagenlogisch gültige Formel ist in $M'$ und in $S4'$ herleitbar.

Beweis. Eine Formel heiße *einfach*, wenn sie keinen Negativteil der Gestalt $A \vee B$ enthält. Man beweist leicht (vgl. z.B. [18], § 4).

(1) Eine einfache Formel ist nur dann aussagenlogisch gültig, wenn sie die Gestalt $F[A_+, A_-]$ hat.

(2) Ist eine Formel $F[(A \vee B)_-]$ aussagenlogisch gültig, so sind auch $F[A_-]$ und $F[B_-]$ aussagenlogisch gültig.

Hiermit ergibt sich durch Induktion nach der Länge der Formel $C$, daß jede aussagenlogisch gültige Formel $C$ in $M'$ und in $S4'$ herleitbar ist:

1. $C$ sei eine einfache Formel. Dann ist $C$ nach (1) und Satz 7.1 herleitbar.

2. $C$ sei eine Formel $F[(A \vee B)_-]$. Nach (2) sind dann auch $F[A_-]$ und $F[B_-]$ aussagenlogisch gültig, also nach Induktionsvoraussetzung herleitbar. Nach der Abschwächungsregel und der Vertauschungsregel folgt $F[(A \vee B)_-] \vee \neg A$ und $F[A \vee B_-] \vee \neg B$. Mit einem Grundschluß (G1) folgt $C$.

**Satz 7.3.** Jedes Axiom des Systems $M^*$ (oder $S4^*$) ist in $M'$ (oder $S4'$) herleitbar.

Beweis.

1. Für aussagenlogische Axiome gilt dies nach Satz 7.2.

2. Ein prädikatenlogisches Axiom $\neg \mathfrak{A}(a) \vee \vee x \mathfrak{A}(x)$ ergibt sich durch einen Grundschluß (G3) aus der aussagenlogisch gültigen Formel $(\neg \mathfrak{A}(a) \vee \vee x \mathfrak{A}(x)) \vee \mathfrak{A}(a)$.

**3.** Ein Axiom $\neg\Box A \vee A$ ergibt sich durch einen Grundschluß (G4) aus $(\neg\Box A \vee A) \vee \neg A$.

**4.** Ein Axiom $\neg\Box(\neg A \vee B) \vee \neg\Box A \vee \Box B$ folgt in $M'$ aus der aussagenlogisch gültigen Formel $\neg(\neg A \vee B) \vee \neg A \vee B$ durch einen Grundschluß (G5) und in $S4'$ aus der aussagenlogisch gültigen Formel

$$(\neg\Box(\neg A \vee B) \vee \neg\Box A \vee B) \vee \neg(\neg A \vee B) \vee \neg A$$

durch Grundschlüsse (G4) und (G5').

**5.** Ein Axiom $\neg\Box A \vee \Box\Box A$ des Systems $S4'$ folgt aus der aussagenlogisch gültigen Formel $\neg\Box A \vee \Box A$ durch einen Grundschluß (G5').

**Satz 7.4.** Jede in $M^*$ (oder $S4^*$) herleitbare Formel ist auch in $M'$ (oder $S4'$) herleitbar.

Zum Beweis dieses Satzes brauchen wir nach Satz 7.3 nur noch festzustellen, daß jeder Grundschluß der Systeme $M^*$ und $S4^*$ ein zulässiger Schluß der Systeme $M'$ und $S4'$ ist.

1. Ein aussagenlogischer Schluß $A$, $\neg A \vee B \Rightarrow B$ ist ein Spezialfall der nach Satz 6.5 zulässigen Schnittregel.

2. Aus der Prämisse eines prädikatenlogischen Schlusses

$$\neg\mathfrak{A}(a) \vee B \Rightarrow \neg \bigvee x\mathfrak{A}(x) \vee B$$

folgt nach der Abschwächungsregel und der Vertauschungsregel $(\neg \bigvee x\mathfrak{A}(x) \vee B) \vee \neg\mathfrak{A}(a)$. Mit einem Grundschluß (G2) folgt die Konklusion $\neg \bigvee x\mathfrak{A}(x) \vee B$.

3. Ein modalitätenlogischer Schluß $A \Rightarrow \Box A$ ist ein gemeinsamer Spezialfall der Schlußregeln (G5) und (G5').

Mit den Sätzen 5.2 und 7.4 ist die Äquivalenz der Systeme $M'$ und $S4'$ mit den Systemen $M^*$ und $S4^*$ nachgewiesen.

# III. Beweis des Vollständigkeitssatzes für $M'$ und $S4'$

## § 8. Formelbäume und Reduktionsbäume

Wir definieren Bäume von Formeln und von Formelbäumen, mit denen der semantische Vollständigkeitssatz für die Systeme $M'$ und $S4'$ in den §§ 9 und 10 auf einem weitgehend konstruktiven Wege bewiesen wird. Zur Beschreibung dieser Bäume verwenden wir als Indexbäume gewisse Mengen von endlichen Zahlenfolgen.

Als Mitteilungszeichen für positive ganze rationale Zahlen gebrauchen wir die Buchstaben $i, j, k, l, m, n$, als Mitteilungszeichen für endliche Folgen von solchen Zahlen (einschließlich der leeren Folge) die Buchstaben $\alpha, \beta, \gamma, \delta$. Die leere Folge wird mit $o$ bezeichnet. $(\alpha, k)$ bezeichnet die Zahlenfolge, die sich aus der Folge $\alpha$ durch Anfügung der Zahl $k$ ergibt. Entsprechend bezeichnen $(\alpha, \beta)$, $(k, \alpha)$ und $(\alpha, k, \beta)$ die Zahlenfolgen, die sich aus den Folgen $\alpha, \beta$ und der Zahl $k$ in der angegebenen Reihenfolge zusammensetzen. $\alpha \prec \beta$ bedeute, daß $\alpha$ ein echter Anfangsabschnitt der Zahlenfolge $\beta$ ist, und $\alpha \preccurlyeq \beta$ bedeute, daß entweder $\alpha \prec \beta$ oder $\alpha = \beta$ ist.

1. Ein *Indexbaum* $I$ ist eine Menge von endlichen Zahlenfolgen mit den Eigenschaften:

    1.1. $o \in I$,

    1.2. $(\alpha, n+1) \in I \Rightarrow (\alpha, n) \in I$,

    1.3. $(\alpha, 1) \in I \Rightarrow \alpha \in I$.

$\alpha$ heißt ein *Endpunkt* des Indexbaumes $I$, wenn $\alpha \in I$ und $(\alpha, 1) \notin I$ ist.

Als Ordnungsrelation eines Indexbaumes haben wir die Relation $\preccurlyeq$, die den Gesetzen einer *Baum-Ordnung* genügt:

    $\alpha \preccurlyeq \alpha$                                    (Reflexivität)

    $\alpha \preccurlyeq \beta, \quad \beta \preccurlyeq \gamma \Rightarrow \alpha \preccurlyeq \gamma$         (Transitivität)

    $\alpha \preccurlyeq \beta, \quad \beta \preccurlyeq \alpha \Rightarrow \alpha = \beta$        (Antisymmetrie)

    $\alpha \preccurlyeq \gamma, \quad \beta \preccurlyeq \gamma \Rightarrow \alpha \preccurlyeq \beta$ oder $\beta \preccurlyeq \alpha$    (Baum-Eigenschaft)

Ein Indexbaum $I$ heißt *einfach verzweigt*, wenn in jeder Zahlenfolge der Menge $I$ höchstens die Zahlen 1 und 2 auftreten.

2. Ein *Formelbaum* ist eine Funktion $\mathbf{B}$ auf einem endlichen Indexbaum $I$, der jedem $\alpha \in I$ ein Paar $\mathbf{B}_\alpha = (F_\alpha, V_\alpha)$ mit folgenden Eigenschaften zuordnet:

2.1. $F_\alpha$ ist eine Formel.

2.2. $V_\alpha$ ist eine nichtleere endliche Menge von freien Objektvariablen, die alle in $F_\alpha$ auftretenden freien Objektvariablen enthält.

2.3. Für $\alpha, \beta \in I$ mit $\alpha \prec \beta$ ist $V_\alpha \subseteq V_\beta$.

Die Formeln $F_\alpha$ mit $\alpha \in I$ heißen die im Formelbaum **B** *enthaltenen* Formeln.

Ein *Grundbaum* ist ein Formelbaum auf dem Indexbaum $\{o\}$. Er enthält nur die Formel $F_0$.

### 3. *Reduktionen eines Formelbaumes*

**B** sei ein Formelbaum auf dem endlichen Indexbaum $I$ mit $\mathbf{B}_\alpha = (F_\alpha, V_\alpha)$ für $\alpha \in I$.

3.1. Eine *Reduktion 1. Art* bezüglich eines Grundschlusses $\Gamma$ an einer Stelle $\beta \in I$ wird erklärt, wenn folgende Voraussetzungen erfüllt sind:

3.1.1. $\Gamma$ ist ein Grundschluß nach den Regeln (G1)–(G4) mit der Konklusion $F_\beta$.

3.1.2. Ist $\Gamma$ ein Grundschluß (G2) mit der Eigenvariablen $a$, so sei $a \notin V_\gamma$ für alle $\gamma \in I$ mit $\beta \leqslant \gamma$.

3.1.3. Ist $\Gamma$ ein Grundschluß (G3) mit der Eigenvariablen $a$, so sei $a \in V_\beta$.

Die $i$-te Prämisse des Grundschlusses $\Gamma$ hat dann die Gestalt $F_\beta \vee A_i$ ($i = 1, 2$ oder $i = 1$). Wir bezeichnen die Formel $A_i$ als das $i$-te *Reduktionsglied* und definieren folgendermaßen einen Formelbaum $\mathbf{B}^i$ auf dem Indexbaum $I$:

Ist $\Gamma$ ein Grundschluß (G1), (G3) oder (G4), so sei

$$\mathbf{B}^i_\beta = (F_\beta \vee A_i, V_\beta),$$

$$\mathbf{B}^i_\alpha = \mathbf{B}_\alpha \quad \text{für alle übrigen} \quad \alpha \in I.$$

Ist $\Gamma$ ein Grundschluß (G2) mit der Eigenvariablen $a$, so sei

$$\mathbf{B}^1_\beta = (F_\beta \vee A_1, V_\beta \cup \{a\}),$$
$$\mathbf{B}^1_\gamma = (F_\gamma, V_\gamma \cup \{a\}) \qquad \text{für alle } \gamma \in I \text{ mit } \beta \prec \gamma,$$
$$\mathbf{B}^1_\alpha = \mathbf{B}_\alpha \qquad \text{für alle übrigen } \alpha \in I.$$

3.2. Eine *Reduktion 2. Art* an einer Stelle $\beta \in I$ mit dem *Reduktionsglied* $A_1$ wird erklärt, wenn folgende Voraussetzungen erfüllt sind:

3.2.1. $\beta$ ist eine Zahlenfolge $(\beta_1, k)$, und die Formel $F_{\beta_1}$ hat einen Negativteil $\square A$.

3.2.2. $A_1$ ist die Formel $\neg A$ (im Fall einer $M'$-Reduktion) oder die Formel $\neg \Box A$ (im Fall einer $S4'$-Reduktion).

Wie bei einer Reduktion 1. Art wird dann ein Formelbaum $\mathbf{B}^1$ auf dem Indexbaum $I$ folgendermaßen definiert:

$$\mathbf{B}^1_\beta = (F_\beta \vee A_1, V_\beta)$$
$$\mathbf{B}^1_\alpha = \mathbf{B}_\alpha \qquad \text{für alle übrigen} \quad \alpha \in I.$$

3.3. Eine *Reduktion 3. Art* an einer Stelle $\beta \in I$ wird erklärt, wenn $F_\beta$ die Konklusion eines Grundschlusses (G5) (im Fall einer $M'$-Reduktion) oder eines Grundschlusses (G5′) (im Fall einer $S4'$-Reduktion) ist. A sei die Prämisse dieses Grundschlusses, und $n$ sei die kleinste Zahl mit $(\beta, n) \notin I$. Dann wird ein Formelbaum $\mathbf{B}^1$ auf dem Indexbaum $I \cup \{(\beta, n)\}$ folgendermaßen definiert:

$$\mathbf{B}^1_{(\beta, n)} = (A, V_\beta)$$
$$\mathbf{B}^1_\alpha \quad = \mathbf{B}_\alpha \qquad \text{für alle} \quad \alpha \in I.$$

Die Reduktionen 1. und 2. Art an der Stelle $\beta$ bestehen also darin, daß die Formel $F_\beta$ durch die Formel $F_\beta \vee A_i$ (mit dem $i$-ten Reduktionsglied $A_i$) ersetzt wird und im Fall einer Reduktion 1. Art bezüglich eines Grundschlusses (G2) jede Variablenmenge $V_\gamma$ mit $\beta \leqslant \gamma$ durch die Eigenvariable des Grundschlusses ergänzt wird. Bei einer Reduktion 3. Art an der Stelle $\beta$ wird dagegen ein Paar $(A, V_\beta)$ an einer neuen Stelle $(\beta, n)$ eingefügt. Die Indexbäume bleiben bei Reduktionen 1. und 2. Art unverändert. Sie wachsen bei Reduktionen 3. Art.

Im Fall einer Reduktion 1. Art bezüglich eines Grundschlusses (G1) bezeichnen wir die Formelbäume $\mathbf{B}^1$, $\mathbf{B}^2$ als ein *Reduziertenpaar* des Formelbaumes $\mathbf{B}$. In allen anderen Fällen nennen wir $\mathbf{B}^1$ eine *Einzelreduzierte* von $\mathbf{B}$.

Alle Reduktionen 1. Art gelten zugleich als *$M'$-Reduktionen* und als *$S4'$-Reduktionen*. Eine Unterscheidung zwischen $M'$- und $S4'$-Reduktionen 2. und 3. Art wurde bereits bei der Definition dieser Reduktionen vorgenommen.

Die Reduktionen 1. Art bezüglich eines Grundschlusses (G2) (bei denen gewisse Variablenmengen $V_\gamma$ erweitert werden) bezeichnen wir als *starke Reduktionen*, alle übrigen als *schwache Reduktionen*.

4. Wir sprechen von einer *echten Reduktion* an der Stelle $\beta$, wenn folgende Bedingungen erfüllt sind:

4.1. Im Fall einer Reduktion 1. oder 2. Art tritt kein Reduktionsglied $A_i$ ($i=1, 2$ oder $i=1$) als Positivteil in $F_\beta$ auf.

4.2. Im Fall einer Reduktion 1. Art bezüglich eines Grundschlusses (G2) mit dem Hauptteil $\bigvee x\mathfrak{A}(x)$ tritt keine Formel der Gestalt $\mathfrak{A}(a)$ als Negativteil in $F_\beta$ auf.

4.3. Im Fall einer Reduktion 3. Art bezüglich eines Grundschlusses mit dem Hauptteil $\square B$ tritt die Formel $B$ weder in $F_\beta$ noch in einer Formel $F_{(\beta,k)}$ als Positivteil auf.

5. Ein *Reduktionsbaum* über einem Formelbaum $\mathbf{B}$ ist eine Funktion $\mathbf{R}$ auf einem einfach verzweigten (nicht notwendig endlichen) Indexbaum $J$, die jedem $\alpha\in J$ in folgender Weise einen Formelbaum $\mathbf{R}^\alpha$ auf einem endlichen Indexbaum $I^\alpha$ zuordnet:

5.1. $\mathbf{R}^o$ ist der Formelbaum $\mathbf{B}$.

5.2. Ist $(\alpha, 2)\in J$, so ist $\mathbf{R}^{(\alpha, 1)}, \mathbf{R}^{(\alpha, 2)}$ ein Reduziertenpaar von $\mathbf{R}^\alpha$.

5.3. Ist $(\alpha, 1)\in J$ und $(\alpha, 2)\notin J$, so ist $\mathbf{R}^{(\alpha, 1)}$ eine Einzelreduzierte von $\mathbf{R}^\alpha$.

5.4. $\alpha$ ist höchstens dann ein Endpunkt des Indexbaumes $J$, wenn $\mathbf{R}^\alpha$ ein Axiom enthält oder wenn keine echte Reduktion auf $\mathbf{R}^\alpha$ anwendbar ist. In diesem Fall heißt $\mathbf{R}^\alpha$ ein *Endbaum* von $\mathbf{R}$.

Wir sagen, daß in $\mathbf{R}$ eine Reduktion an einer Stelle $\beta$ auftritt, wenn es $\alpha\in J$ mit $\beta\in I^\alpha$ gibt, so daß $\mathbf{R}^{(\alpha, i)}$ durch eine Reduktion an der Stelle $\beta$ aus $\mathbf{R}^\alpha$ gebildet ist.

Ein Reduktionsbaum $\mathbf{R}$ heißt ein $M'$- (*oder* $S4'$-) *Reduktionsbaum*, wenn in $\mathbf{R}$ nur $M'$- (oder $S4'$-) Reduktionen auftreten.

6. Als *Größe* eines Formelbaumes bezeichnen wir die Anzahl der Elemente seines Indexbaumes. Der *Rang* eines Formelbaumes $\mathbf{R}^{\alpha 1}$ in einem endlichen Reduktionsbaum $\mathbf{R}$ (d.h. in einem Reduktionsbaum mit endlichem Indexbaum $J$) sei die Summe der Größen aller Formelbäume $\mathbf{R}^\alpha$ mit $\alpha_1\leqslant\alpha\in J$. Unter dem *Rang* eines endlichen Reduktionsbaumes $\mathbf{R}$ verstehen wir den Rang von $\mathbf{R}^o$ in $\mathbf{R}$, also die Summe aller Größen der Formelbäume von $\mathbf{R}$.

7. Ein Reduktionsbaum $\mathbf{R}$ heiße *regulär*, wenn er folgende Eigenschaften hat:

7.1. In $\mathbf{R}$ treten nur echte Reduktionen auf.

7.2. In $\mathbf{R}$ folgt auf eine schwache (bzw. starke) Reduktion eines Formelbaumes $\mathbf{R}^\alpha$ höchstens dann eine starke (bzw. schwache) Reduktion eines Formelbaumes $\mathbf{R}^{(\alpha, i)}$, wenn auf $\mathbf{R}^{(\alpha, i)}$ keine echte schwache (bzw. starke) Reduktion anwendbar ist.

7.3. Ein Formelbaum $\mathbf{R}^\alpha$ enthält höchstens dann ein Axiom, wenn er ein Endbaum von $\mathbf{R}$ ist.

Durch die Forderungen 7.1 und 7.2 wird erreicht, daß die Reduktionen in hinreichendem Maß zur Anwendung kommen, wie es in § 10 zum Beweis des semantischen Hauptlemmas gebraucht wird.

8. Ein Reduktionsbaum **R** heißt *geschlossen*, wenn er endlich ist und jeder Endbaum von **R** ein Axiom enthält.

9. Unter einem *Reduktionsbaum über einer Formel E* verstehen wir einen Reduktionsbaum über einem Grundbaum der Formel $E$.

Wir beweisen in den §§ 9 und 10:

**Syntaktisches Hauptlemma.** Wenn es einen geschlossenen $M'$- (oder $S4'$-) Reduktionsbaum über $E$ gibt, ist die Formel $E$ im System $M'$ (oder $S4'$) herleitbar.

**Semantisches Hauptlemma.** Wenn es einen regulären $M'$- (oder $S4'$-) Reduktionsbaum über $E$ gibt, der nicht geschlossen ist, gibt es ein für die Formel $E$ zulässiges $M*$- (oder $S4*$-) Modell, in dem $E$ ungültig ist.

Offenbar läßt sich für jede Formel $E$ ein regulärer $M'$- (oder $S4'$-) Reduktionsbaum über $E$ konstruieren. Aus den beiden Hauptlemmata folgt daher:

**Vollständigkeitssatz.** Jede $M*$- (oder $S4*$-) allgemeingültige Formel ist im System $M'$ (oder $S4'$) herleitbar.

## § 9. Beweis des syntaktischen Hauptlemmas

**R** sei ein geschlossener $M'$- (oder $S4'$-) Reduktionsbaum über $E$. Wir beweisen durch Induktion nach dem Rang von **R**, daß die Formel $E$ im System $M'$ (oder $S4'$) herleitbar ist.

Der Reduktionsbaum **R** habe den endlichen (einfach verzweigten) Indexbaum $J$. Für $\alpha \in J$ sei $I^\alpha$ der endliche Indexbaum des Formelbaumes $\mathbf{R}^\alpha$, und für $\alpha \in I^\alpha$ sei $\mathbf{R}^\alpha_\beta = (F^\alpha_\beta, V^\alpha_\beta)$. Ist $J = \{o\}$, so ist $E$ ein Axiom, weil **R** geschlossen ist. Dann ist die Behauptung trivial. Im folgenden sei $J \neq \{o\}$.

**1. Fall.** In **R** trete eine Reduktion 1. Art an der Stelle $o$ auf.

$\alpha_1$ sei eine kürzeste Zahlenfolge, so daß $\mathbf{R}^{(\alpha_1, i)}$ durch eine Reduktion 1. Art an der Stelle $o$ aus $\mathbf{R}^{\alpha_1}$ hervorgeht. Für alle $\alpha \leqslant \alpha_1$ ist dann $\mathbf{R}^\alpha_o = \mathbf{R}^o_o = (E, V^o_o)$. Die Reduktion habe das $i$-te Reduktionsglied $A_i$. Wir definieren folgendermaßen einen Reduktionsbaum $\mathbf{R}^{[i]}$ über der Formel $E \vee A_i$.

1.1. $\mathbf{R}^{[i]o}$ sei der Grundbaum mit $\mathbf{R}_o^{[i]o} = (E \vee A_i, V_o^{(\alpha_1, i)})$.

1.2. Für alle $(\alpha, k) \in J$, für die nicht $(\alpha_1, i) \leqslant (\alpha, k)$ ist, sei $\mathbf{R}^{[i](\alpha, k)}$ durch dieselbe Reduktion aus $\mathbf{R}^{[i]\alpha}$ gebildet, durch die $\mathbf{R}^{(\alpha, k)}$ aus $\mathbf{R}^\alpha$ hervorgeht.

1.3. Für alle $(\alpha_1, i, \alpha, k) \in J$ sei $\mathbf{R}^{[i](\alpha_1, \alpha, k)}$ durch dieselbe Reduktion aus $\mathbf{R}^{[i](\alpha_1, \alpha)}$ gebildet, durch die $\mathbf{R}^{(\alpha_1, i, \alpha, k)}$ aus $\mathbf{R}^{(\alpha_1, i, \alpha)}$ hervorgeht.

Nach 1.1 und 1.2 ergibt sich $\mathbf{R}^{[i]\alpha_1} = \mathbf{R}^{(\alpha_1, i)}$ bis auf die Reihenfolge der Adjunktionsglieder der in diesen Formelbäumen enthaltenen Formeln. Die in 1.3 definierten Formelbäume schließen sich also an diesen Formel-. baum an. Hiermit erkennt man, daß $\mathbf{R}^{[i]}$ ein $M'$- (oder $S4'$-) Reduktions-baum über $E \vee A_1$ ist, der ebenso wie der Reduktionsbaum $\mathbf{R}$ geschlossen ist. Der Indexbaum von $\mathbf{R}^{[i]}$ besteht aus denjenigen $\alpha \in J$, für die nicht $(\alpha_1, i) \leqslant \alpha$ ist, und aus denjenigen $(\alpha_1, \alpha)$, für die $(\alpha_1, i, \alpha) \in J$ ist. Dieser Indexbaum hat weniger Elemente als $J$. Die Formelbaume von $\mathbf{R}^{[i]}$ haben dieselben Grade wie die entsprechenden Formelbäume von $\mathbf{R}$. Daher hat $\mathbf{R}^{[i]}$ kleineren Rang als $\mathbf{R}$. Nach der Induktionsvoraussetzung folgt, daß die Formel $E \vee A_i$ im System $M'$ (oder $S4'$) herleitbar ist. Mit einem Grundschluß nach den Regeln (G1)–(G4) folgt $E$.

**2. Fall.** In $\mathbf{R}$ trete keine Reduktion 1. Art an der Stelle $o$, aber eine Reduktion 2. Art an der Stelle 1 auf.

Aus der ersten Voraussetzung folgt, daß $F_o^\alpha = E$ für alle $\alpha \in J$ ist und $\mathbf{R}^1$ durch eine Reduktion 3. Art aus dem Grundbaum $\mathbf{R}^o$ hervorgeht. Der Indexbaum $J$ enthält dann außer $o$ nur Zahlenfolgen der Gestalt $(1, \gamma)$. $\alpha_1$ sei eine kürzeste Zahlenfolge, so daß $\mathbf{R}^{(\alpha_1, 1)}$ durch eine Reduktion 2. Art an der Stelle 1 aus $\mathbf{R}^{\alpha_1}$ hervorgeht. Diese Reduktion habe das Reduktionsglied $A_1$. Ebenso wie $F_1^1$ ist auch $A_1 \vee F_1^1$ die Prämisse eines Grundschlusses (G5) oder (G5') mit der Konklusion $E$. Wir definieren folgendermaßen einen Reduktionsbaum $\overline{\mathbf{R}}$ über $E$.

2.1. $\overline{\mathbf{R}}^o$ sei der Grundbaum $\mathbf{R}^o$,

2.2. $\overline{\mathbf{R}}^1$ sei durch eine Reduktion 3. Art bezüglich eines Grund-schlusses (G5) oder (G5') mit der Prämisse $A_1 \vee F_1^1$ aus $\overline{\mathbf{R}}^o$ gebildet.

2.3. Für alle $(1, \alpha, k) \in J$, für die nicht $(\alpha_1, 1) \leqslant (1, \alpha, k)$ ist, sei $\overline{\mathbf{R}}^{(1, \alpha, k)}$ durch dieselbe Reduktion aus $\overline{\mathbf{R}}^{(1, \alpha)}$ gebildet, durch die $\mathbf{R}^{(1, \alpha, k)}$ aus $\mathbf{R}^{(1, \alpha)}$ hervorgeht.

2.4. Für alle $(\alpha_1, 1, \alpha, k) \in J$ sei $\overline{\mathbf{R}}^{(\alpha_1, \alpha, k)}$ durch dieselbe Reduktion aus $\overline{\mathbf{R}}^{(\alpha_1, \alpha)}$ gebildet, durch die $\mathbf{R}^{(\alpha_1, 1, \alpha, k)}$ aus $\mathbf{R}^{(\alpha_1, 1, \alpha)}$ hervorgeht.

Nach 2.1–2.3 ergibt sich $\overline{\mathbf{R}}^{\alpha_1} = \mathbf{R}^{(\alpha_1, 1)}$. Hiermit erkennt man wie im 1. Fall, daß $\overline{\mathbf{R}}$ ein geschlossener $M'$- (oder $S4'$-) Reduktionsbaum über $E$

ist, der kleineren Rang als der Reduktionsbaum **R** hat. Nach der Induktionsvoraussetzung ist also die Formel $E$ in $M'$ (oder $S4'$) herleitbar.

**3. Fall.** In **R** trete keine Reduktion 1. Art an der Stelle $o$ und keine Reduktion 2. Art an der Stelle 1 auf.

Wie im 2. Fall ist dann $F_o^\alpha = E$ für alle $\alpha \in J$ und $J$ ein Indexbaum, der außer $o$ nur Zahlenfolgen der Gestalt $(1, \gamma)$ enthält. Wir zerlegen jeden Formelbaum **R**$^\alpha$ mit $\alpha \neq o$ folgendermaßen in zwei Formelbäume **A**$^\alpha$ und **B**$^\alpha$.

$$\mathbf{A}_o^\alpha = \mathbf{R}_o^\alpha$$

$$\mathbf{A}_{(i, \beta)}^\alpha = \mathbf{R}_{(i+1, \beta)}^\alpha \quad \text{für alle} \quad (i+1, \beta) \in I^\alpha$$

$$\mathbf{B}_\beta^\alpha = \mathbf{R}_{(1, \beta)}^\alpha \quad \text{für alle} \quad (1, \beta) \in I^\alpha.$$

Dann ist **A**$^1$ ein Grundbaum mit der Formel $E$ und **B**$^1$ ein Grundbaum mit der Formel $F_{11}^1$. ($F_1^1$ ist die Prämisse eines Grundschlusses (G5) oder (G5') mit der Konklusion $E$.)

**Lemma.** Für $\alpha \in J$ mit $\alpha \neq o$ gibt es einen geschlossenen $M'$- (oder $S4'$-) Reduktionsbaum über **A**$^\alpha$ oder über **B**$^\alpha$, dessen Rang höchstens gleich dem Rang von **R**$^\alpha$ in **R** ist.

Beweis durch Induktion invers zur Länge von $\alpha$.

1. $\alpha$ sei ein Endpunkt von $J$. Dann enthält **R**$^\alpha$ ein Axiom. Folglich enthält einer der Formelbäume **A**$^\alpha$ oder **B**$^\alpha$, aus denen **R**$^\alpha$ zusammengesetzt ist, ein Axiom. In diesem Fall ist die Behauptung trivial.

2. Es sei $(\alpha, 2) \in J$. Dann gehen die Formelbäume **R**$^{(\alpha, 1)}$, **R**$^{(\alpha, 2)}$ durch eine Reduktion 1. Art gemäß (G1) aus **R**$^\alpha$ hervor. Nach den Voraussetzungen des 3. Falles erfolgt diese Reduktion nur an **A**$^\alpha$ oder nur an **B**$^\alpha$. Es liegt also einer der folgenden zwei Fälle vor.

2.1. **A**$^{(\alpha, 1)}$, **A**$^{(\alpha, 2)}$ gehen durch eine $M'$- (oder $S4'$-) Reduktion aus **A**$^\alpha$ hervor, und es ist **B**$^\alpha$ = **B**$^{(\alpha, 1)}$ = **B**$^{(\alpha, 2)}$.

2.2. **B**$^{(\alpha, 1)}$, **B**$^{(\alpha, 2)}$ gehen durch eine $M'$- (oder $S4'$-) Reduktion aus **B**$^\alpha$ hervor, und es ist **A**$^\alpha$ = **A**$^{(\alpha, 1)}$ = **A**$^{(\alpha, 2)}$.

Im Fall 2.1 können wir nach der Induktionsvoraussetzung unseres Lemmas folgende zwei Fälle unterscheiden.

2.1.1. Es gibt geschlossene $M'$- (oder $S4'$-) Reduktionsbäume über **A**$^{(\alpha, 1)}$ und über **A**$^{(\alpha, 2)}$, deren Ränge höchstens gleich den Rängen von **R**$^{(\alpha, 1)}$ und **R**$^{(\alpha, 2)}$ in **R** sind. Dann ergibt sich die Behauptung des Lemmas für **A**$^\alpha$.

2.1.2. Es gibt einen geschlossenen $M'$- (oder $S4'$-) Reduktionsbaum über $\mathbf{B}^{(\alpha,\,1)}$ oder über $\mathbf{B}^{(\alpha,\,2)}$, dessen Rang höchstens gleich dem Rang von $\mathbf{R}^{(\alpha,\,1)}$ oder $\mathbf{R}^{(\alpha,\,2)}$ ist. Dann ist die Behauptung des Lemmas für $\mathbf{B}^{\alpha}$ erfüllt.

Ebenso verläuft der Beweis für den Fall 2.2.

3. Es sei $(\alpha, 1) \in J$ und $(\alpha, 2) \notin J$. Dann ergibt sich die Behauptung des Lemmas ähnlich wie vorher aus der Induktionsvoraussetzung.

Aus dem hiermit bewiesenen Lemma folgt für $\alpha = 1$, daß es einen geschlossenen $M'$- (oder $S4'$-) Reduktionsbaum über $E$ oder über $F_1^1$ gibt, der einen kleineren Rang als der Reduktionsbaum $R$ hat. Nach der Induktionsvoraussetzung ist also $E$ oder $F_1^1$ im System $M'$ (oder $S4'$) herleitbar. Da die Formel $E$ aus $F_1^1$ durch einen Grundschluß (G5) oder (G5') folgt, ist hiermit der Beweis für das syntaktische Hauptlemma beendet.

## § 10. Beweis des semantischen Hauptlemmas

$R$ sei ein regulärer $M'$- (oder $S4'$-) Reduktionsbaum über $E$, der nicht geschlossen ist. Wir definieren in diesem Paragraphen ein $M^*$- (oder $S4^*$-) Modell, in dem die Formel $E$ ungültig ist. Der Reduktionsbaum $R$ habe den (einfach verzweigten) Indexbaum $J$.

1. Ein *Faden* von $J$ ist eine Funktion $\varphi$, die natürliche Zahlen in folgender Weise auf endliche Zahlenfolgen aus $J$ abbildet.

1.1. $\varphi(0) = o$

1.2. Ist $(\varphi(n), 1) \in J$ und $(\varphi(n), 2) \notin J$, so ist $\varphi(n+1) = (\varphi(n), 1)$

1.3. Ist $(\varphi(n), 2) \in J$, so ist entweder $\varphi(n+1) = (\varphi(n), 1)$ oder $\varphi(n+1) = (\varphi(n), 2)$.

1.4. Ist $\varphi(n)$ ein Endpunkt von $J$, so ist $\varphi(m)$ nur für $m \leq n$ definiert.

Der Definitionsbereich eines Fadens $\varphi$ besteht also entweder aus der Menge aller natürlichen Zahlen oder aus allen natürlichen Zahlen $\leq n$, wobei $n$ eine feste natürliche Zahl ist.

2. Da der Reduktionsbaum $\mathbf{R}$ nicht geschlossen ist, gibt es nach dem Lemma von KÖNIG einen Faden $\varphi$ des Indexbaumes $J$, so daß die Folge der Formelbäume $\mathbf{R}^{\varphi(n)}$ kein Axiom enthält. $N$ sei der Definitionsbereich eines solchen Fadens $\varphi$. Wir setzen $\mathbf{F}^n = \mathbf{R}^{\varphi(n)}$ für $n \in N$. Dann ist $\mathbf{F}$ eine Folge von Formelbäumen mit den Eigenschaften:

2.1. $\mathbf{F}^0$ ist ein Grundbaum der Formel $E$.

2.2. Ist $n+1 \in N$, so ist $\mathbf{F}^{n+1}$ eine Reduzierte einer $M'$- (oder $S4'$-) Reduktion des Formelbaumes $\mathbf{F}^n$.

2.3. Ist die Folge $\mathbf{F}$ endlich, so ist auf den letzten Formelbaum $\mathbf{F}^n$ keine echte $M'$- (oder $S4'$-) Reduktion anwendbar.

2.4. Kein Formelbaum $\mathbf{F}^n$ (mit $n \in N$) enthält ein Axiom.

3. Für $n \in N$ sei $I^n$ der endliche Indexbaum des Formelbaumes $\mathbf{F}^n$, und es sei $\mathbf{F}^n_\alpha = (F^n_\alpha, V^n_\alpha)$ für $\alpha \in I^n$. Da $\mathbf{F}$ ein Faden eines Reduktionsbaumes ist, gilt folgendes:

3.1. Ist $m < n \in N$, so ist $I^m \subseteq I^n$.

3.2. Ist $m < n \in N$ und $\alpha \in I^m$, so ist $V^m_\alpha \subseteq V^n_\alpha$.

3.3. Ist $n \in N$ und $\alpha \prec \beta \in I^n$, so ist $V^n_\alpha \subseteq V^n_\beta$.

3.4. Ist $m \leqq n \in N$, $\alpha \in I^m$ und $C$ ein Positiv- bzw. Negativteil von $F^m_\alpha$, so tritt $C$ auch in $F^n_\alpha$ als Positiv- bzw. Negativteil auf.

4. Da der Reduktionsbaum $\mathbf{R}$ regulär ist, folgen in $\mathbf{F}$ auf eine schwache (oder starke) Reduktion jeweils nur schwache (oder starke) echte Reduktionen, soweit dies möglich ist. Aus den Bedingungen für echte Reduktionen geht hervor, daß sich jeweils nur eine endliche Anzahl von schwachen (oder starken) echten Reduktionen in ununterbrochener Folge aneinander anschließen können. Die starken und schwachen Reduktionen kommen daher in $\mathbf{F}$ nacheinander zur Anwendung, solange überhaupt echte Reduktionen möglich sind. Hiermit ergibt sich, daß die Folge $\mathbf{F}$ für $n \in N$ und $\alpha \in I^n$ folgende Eigenschaften hat:

4.1. Enthält $F^n_\alpha$ einen Negativteil $A \vee B$, so gibt es $m \in N$ mit $m \geqq n$, so daß $A$ oder $B$ als Negativteil in $F^m_\alpha$ auftritt.

4.2. Enthält $F^n_\alpha$ einen Negativteil $\vee x \mathfrak{A}(x)$, so gibt es $m \in N$ mit $m \geqq n$ so daß $F^m_\alpha$ einen Negativteil der Gestalt $\mathfrak{A}(a)$ hat.

4.3. Enthält $F^n_\alpha$ einen Positivteil $\vee x \mathfrak{A}(x)$ und ist $a \in V^n_\alpha$, so gibt es $m \in N$ mit $m \geqq n$, so daß $\mathfrak{A}(a)$ als Positivteil in $F^m_\alpha$ auftritt.

4.4. Enthält $F^n_\alpha$ einen Negativteil $\square A$, so gibt es $m \in N$ mit $m \geqq n$, so daß $A$ als Negativteil in $F^m_\alpha$ auftritt.

4.5. Enthält $F^n_\alpha$ einen Negativteil $\square A$ und ist $(\alpha, k) \in I^n$, so gibt es $m \in N$ mit $m \geqq n$, so daß $A$ (im Fall eines $M'$-Reduktionsbaumes) oder $\square A$ (im Fall eines $S4'$-Reduktionsbaumes) als Negativteil in $F^m_{(\alpha, k)}$ auftritt.

4.6. Enthält $F^n_\alpha$ einen Positivteil $\square A$, so gibt es $m \in N$ mit $m \geqq n$, so daß $A$ in $F^m_\alpha$ oder in einer Formel $F^m_{(\alpha, k)}$ mit $(\alpha, k) \in I^m$ als Positivteil auftritt.

Die Eigenschaften 4.1.–4.4 ergeben sich durch Reduktionen 1. Art, 4.5 durch Reduktionen 2. Art und 4.6 durch Reduktionen 3. Art.

5. Mit Hilfe der Folge $\mathbf{F}$ definieren wir nun ein $M^*$- (oder $S4^*$-) Modell $(M, R, V, W)$.

5.1. $M$ sei die Vereinigungsmenge $\bigcup\limits_{n \in N} I^n$ aller Indexbäume der Folge $\mathbf{F}$.

5.2. Für $\alpha, \beta \in M$ soll $\alpha R \beta$ im Fall eines $M'$-Reduktionsbaumes genau dann gelten, wenn entweder $\alpha = \beta$ oder $\beta$ eine Zahlenfolge $(\alpha, k)$ its.

Im Fall eines $S'4$-Reduktionsbaumes soll $\alpha R\beta$ genau dann gelten, wenn $\alpha \leqslant \beta$ ist. Diese Relation $R$ ist in jedem Fall reflexiv, im letzten Fall auch transitiv auf $M$.

5.3. Für $\alpha \in M$ sei $V(\alpha)$ die Vereinigungsmenge derjenigen $V_\alpha^n$, für die es $n \in N$ mit $\alpha \in I^n$ gibt. $V(\alpha)$ ist also eine nichtleere Menge von freien Objektvariablen. Für $\alpha, \beta \in M$ gilt dann nach 3.1–3.3:

$$\alpha R\beta \Rightarrow V(\alpha) \subseteq V(\beta).$$

5.4. Wir sagen, daß eine Formel $C$ ein *$\alpha$-Positivteil* bzw. *$\alpha$-Negativteil* für $\alpha \in M$ ist, wenn es ein $n \in N$ mit $\alpha \in I^n$ gibt, so daß $C$ als Positivteil bzw. Negativteil in $F_\alpha^n$ auftritt. $W$ wird folgendermaßen definiert:

5.4.1. Für jede freie Objektvariable $a$, die in $\mathbf{F}$ auftritt, sei $W(a)=a$. Ist $a$ eine freie Objektvariable, die nicht in $\mathbf{F}$ auftritt, so kommt es auf $W(a)$ nicht an. $W(a)$ kann dann etwa beliebig aus $V_o^o$ gewählt werden. In jedem Fall ist dann $W(a) \in \bigcup_{\alpha \in M} V(\alpha)$.

5.4.2. Für jede Aussagenvariable $v$ und $\alpha \in M$ sei genau dann $W(v, \alpha)=w$, wenn $v$ ein $\alpha$-Negativteil ist.

5.4.3. Für jede $m$-stellige Prädikatenvariable $p$ und $\alpha \in M$ sei $W(p, \alpha)$ die Menge derjenigen $m$-tupel $(a_1, \ldots, a_m)$ von freien Objektvariablen, für die $pa_1 \ldots a_m$ ein $\alpha$-Negativteil ist. $W(p, \alpha)$ ist also eine Menge von $m$-tupeln von Elementen aus $V(\alpha)$.

6. **Lemma.** Ist $C$ ein $\alpha$-Negativteil oder ein $\alpha$-Positivteil, so ist $W(C, \alpha)=w$ bzw. $W(C, \alpha)=f$.

Beweis durch Induktion nach der Länge der Formel $C$. Nach Voraussetzung gibt es $n \in N$ mit $\alpha \in I^n$, so daß $C$ als Negativteil bzw. Positivteil in $F_\alpha^n$ auftritt.

6.1. $C$ sei eine Primformel als $\alpha$-Negativteil. Dann ist $W(C, \alpha)=w$ nach der Definition von $W$.

6.2. $C$ sei eine Primformel als $\alpha$-Positivteil. Da $F$ kein Axiom enthält, folgt nach 3.4, daß $C$ kein $\alpha$-Negativteil ist. Nach der Definition von $W$ folgt $W(C, \alpha)=f$.

6.3. $C$ sei ein $\alpha$-Negativteil oder ein $\alpha$-Positivteil $\neg A$. Dann ist $A$ ein $\alpha$-Positivteil bzw. ein $\alpha$-Negativteil. Nach der Induktionsvoraussetzung ist daher $W(A, \alpha)=f$ bzw. $W(A, \alpha)=w$. Es folgt $W(\neg A, \alpha)=w$ bzw. $W(\neg A, \alpha)=f$.

6.4. $C$ sei ein $\alpha$-Negativteil $A \vee B$. Nach 4.1 ist dann $A$ oder $B$ ein $\alpha$-Negativteil. Mit der Induktionsvoraussetzung folgt $W(A, \alpha)=w$ oder $W(B, \alpha)=w$, also $W(A \vee B, \alpha)=w$.

6.5. $C$ sei ein $\alpha$-Positivteil $A \vee B$. Dann sind auch $A$ und $B$ $\alpha$-Positivteile. Nach der Induktionsvoraussetzung ist daher $W(A, \alpha) = f$ und $W(B, \alpha) = f$. Es folgt $W(A \vee B, \alpha) = f$.

6.6. $C$ sei ein $\alpha$-Negativteil $\vee x \mathfrak{A}(x)$. Nach 4.2. gibt es dann einen $\alpha$-Negativteil $\mathfrak{A}(a)$. Nach der Induktionsvoraussetzung ist $W(\mathfrak{A}(a), \alpha) = w$. Da $a \in V(\alpha)$ ist, folgt $W(\vee x \mathfrak{A}(x), \alpha) = w$.

6.7. $C$ sei ein $\alpha$-Positivteil $\vee x \mathfrak{A}(x)$. Es sei $a \in V(\alpha)$. Mit 3.2, 3.4 und 4.3 ergibt sich, daß $\mathfrak{A}(a)$ ein $\alpha$-Positivteil ist. Nach der Induktionsvoraussetzung ist also $W(\mathfrak{A}(a), \alpha) = f$. Da dies für alle $a \in V(\alpha)$ gilt, folgt $W(\vee x \mathfrak{A}(x), \alpha) = f$.

6.8. $C$ sei ein $\alpha$-Negativteil $\square A$. Es gelte $\alpha R \beta$. Mit 4.4 und 4.5 ergibt sich, daß $A$ ein $\beta$-Negativteil ist. Nach der Induktionsvoraussetzung ist also $W(A, \beta) = w$. Da dies für alle $\beta \in M$ mit $\alpha R \beta$ gilt, folgt $W(\square A, \alpha) = w$.

6.9. $C$ sei ein $\alpha$-Positivteil $\square A$. Dann gibt es nach 4.6 ein $\beta \in M$ mit $\alpha R \beta$, so daß $A$ ein $\beta$-Positivteil ist. Nach der Induktionsvoraussetzung ist $W(A, \beta) = f$. Es folgt $W(\square A, \alpha) = f$.

Nach dem hiermit bewiesenen Lemma gilt insbesondere $W(E, o) = f$ für das Element $o \in M$, da die Formel $E$ ein $o$-Positivteil ist. Für jede in $E$ auftretende freie Objektvariable $a$ und jedes $\alpha \in M$ ist definitionsgemäß $W(a) \in V(\alpha)$. Das $M^*$-(oder $S4^*$-)-Modell $(M, R, V, W)$ ist also für die Formel $E$ zulässig. Hiermit ist das semantische Hauptlemma bewiesen.

# IV. Einbettung der intuitionistischen Prädikatenlogik in *S*4′

## § 11. Formales System *IL* der intuitionistischen Prädikatenlogik

Wir definieren ein formales System *IL* der intuitionistischen Prädikatenlogik, das wir in den §§ 12 und 13 in das modalitätenlogische System *S*4′ abbilden werden.

Als Grundzeichen des Systems *IL* verwenden wir dieselben Grundzeichen wie vorher (vgl. § 1) mit Ausnahme des Modalitätenzeichens $\square$ und außerdem die Junktoren $\wedge$ (und), $\rightarrow$ (wenn ..., so ...) und den Allquantor $\bigwedge$. Die Primformeln seien ebenso wie in § 1 definiert.

1. Induktive Definition der *Formeln* des Systems *IL*.

1.1. Jede Primformel ist eine Formel.

1.2. Ist $A$ eine Formel, so ist auch $\neg A$ eine Formel.

1.3. Sind $A$ und $B$ Formeln, so sind auch $(A \vee B)$, $(A \wedge B)$ und $(A \rightarrow B)$ Formeln.

1.4. Ist $\mathfrak{A}(a)$ eine Formel, in der die gebundene Objektvariable $x$ nicht auftritt, so sind auch $\bigvee x\mathfrak{A}(x)$ und $\bigwedge x\mathfrak{A}(x)$ Formeln.

Entsprechend wie vorher gebrauchen wir Abkürzungen zur Klammerersparnis.

2. *Sequenzen* sind Zeichenreihen der Gestalt

$$A_1, ..., A_m \vdash B_1, ..., B_n$$

mit Formeln $A_1, ..., A_m, B_1, ..., B_n$ des Systems *IL*. Die Formeln $A_1, ..., A_m$ heißen die *Antezedensformeln*, die Formeln $B_1, ..., B_n$ die *Sukzedensformeln* der Sequenz. Die Antezedensformeln oder die Sukzedensformeln dürfen in einer Sequenz fehlen.

Mit $\Gamma$, $\Delta$ und $\Theta$ bezeichnen wir endliche (eventuell leere) Folgen von Formeln. Eine Sequenz kann also durch $\Gamma \vdash \Delta$ mitgeteilt werden.

3. *Axiome* des Systems *IL* sind alle Sequenzen

$$P \vdash P$$

mit einer Primformel $P$.

**4. *Strukturschlußregeln* des Systems *IL***

4.1. Vertauschungsregeln:

$$\text{(V1)} \quad \frac{\Gamma, A, B, \Delta \vdash \Theta}{\Gamma, B, A, \Delta \vdash \Theta} \qquad\qquad \text{(V2)} \quad \frac{\Gamma \vdash \Delta, A, B, \Theta}{\Gamma \vdash \Delta, B, A, \Theta}$$

4.2. Kürzungsregeln:

$$\text{(K1)} \quad \frac{A, A, \Gamma \vdash \Delta}{A, \Gamma \vdash \Delta} \qquad\qquad \text{(K2)} \quad \frac{\Gamma \vdash \Delta, A, A}{\Gamma \vdash \Delta, A}$$

4.3. Abschwächungsregeln:

$$\text{(A1)} \quad \frac{\Gamma \vdash \Delta}{A, \Gamma \vdash \Delta} \qquad\qquad \text{(A2)} \quad \frac{\Gamma \vdash \Delta}{\Gamma \vdash \Delta, A}$$

**5. *Junktoren-Schlußregeln* des Systems *IL***

$$(\vee 1) \quad \frac{\begin{array}{c} A, \Gamma \vdash \Delta \\ B, \Gamma \vdash \Delta \end{array}}{A \vee B, \Gamma \vdash \Delta} \qquad\qquad (\vee 2) \quad \frac{\Gamma \vdash \Delta, A, B}{\Gamma \vdash \Delta, A \vee B}$$

$$(\wedge 1) \quad \frac{A, B, \Gamma \vdash \Delta}{A \wedge B, \Gamma \vdash \Delta} \qquad\qquad (\wedge 2) \quad \frac{\begin{array}{c} \Gamma \vdash \Delta, A \\ \Gamma \vdash \Delta, B \end{array}}{\Gamma \vdash \Delta, A \wedge B}$$

$$(\rightarrow 1) \quad \frac{\begin{array}{c} \Gamma \vdash \Delta, A \\ B, \Gamma \vdash \Delta \end{array}}{A \rightarrow B, \Gamma \vdash \Delta} \qquad\qquad (\rightarrow 2) \quad \frac{A, \Gamma \vdash B}{\Gamma \vdash A \rightarrow B}$$

$$(\neg 1) \quad \frac{\Gamma \vdash \Delta, A}{\neg A, \Gamma \vdash \Delta} \qquad\qquad (\neg 2) \quad \frac{A, \Gamma \vdash}{\Gamma \vdash \neg A}$$

**6. *Quantoren-Schlußregeln* des Systems *IL***

$$(\bigvee 1) \quad \frac{\mathfrak{A}(a), \Gamma \vdash \Delta}{\bigvee x\, \mathfrak{A}(x), \Gamma \vdash \Delta} \qquad\qquad (\bigvee 2) \quad \frac{\Gamma \vdash \Delta, \quad \mathfrak{A}(a)}{\Gamma \vdash \Delta, \bigvee x\, \mathfrak{A}(x)}$$

$$(\bigwedge 1) \quad \frac{\mathfrak{A}(a), \Gamma \vdash \Delta}{\bigwedge x\, \mathfrak{A}(x), \Gamma \vdash \Delta} \qquad\qquad (\bigwedge 2) \quad \frac{\Gamma \vdash \quad \mathfrak{A}(a)}{\Gamma \vdash \bigwedge x\, \mathfrak{A}(x)}$$

Zu den Schlußregeln $(\bigvee 1)$ und $(\bigwedge 2)$ gehört die *Variablenbedingung*: Die mit $a$ bezeichnete freie Objektvariable darf nicht in der Konklusion auftreten.

Die Sequenzen, die bei den Schlußregeln 4.–6. oberhalb des Schluß-
striches stehen, sind die *Prämissen* des betreffenden Schlusses. Die
Sequenz unter dem Schlußstrich ist die *Konklusion* des Schlusses.

Man beachte, daß bei den Schlüssen ($\rightarrow$2), ($\neg$2) und ($\wedge$2) die
Konklusion nur eine einzige Sukzedensformel enthält, während bei allen
übrigen Schlüssen beliebig viele Sukzedensformeln in den Prämissen und
in der Konklusion auftreten dürfen. Hierdurch ist die intuitionistische
Prädikatenlogik gegenüber der klassischen Prädikatenlogik eingeschränkt.

7. Als *Grundschüsse* des Systems *IL* bezeichnen wir alle Schlüsse nach
den Regeln 4.–6. Die *Herleitbarkeit* einer Sequenz ist in folgender Weise
induktiv definiert:

7.1. Jedes Axiom ist herleitbar.

7.2. Sind alle Prämissen eines Grundschlusses herleitbar, so ist auch
die betreffende Konklusion herleitbar.

Eine *Formel F* gilt als *herleitbar* im System *IL*, wenn die Sequenz

$$\vdash F$$

(mit leerem Antezedenz) herleitbar ist.


## § 12. *I*-Formeln des Systems *S*4′

Um die intuitionistische Prädikatenlogik in die Modalitätenlogik ein-
zufügen, ordnen wir jeder Formel $F$ des Systems *IL* eine Formel $\bar{F}$ des
Systems *S*4′ zu, so daß $F$ genau dann in *IL* herleitbar ist, wenn $\bar{F}$ in *S*4′
herleitbar ist. Die Beweise hierzu werden in diesem und im nächsten
Paragraphen gegeben.

1. Induktive Definition einer Bildformel $\bar{F}$ aus *S*4′ zu einer Formel $F$
aus *IL*.

1.1. Ist $P$ eine Primformel, so sei $\bar{P}$ die Formel $\Box P$.

1.2. $\overline{\neg A}$ sei $\Box\neg\bar{A}$.

1.3. $\overline{A \vee B}$ sei $\bar{A} \vee \bar{B}$.

1.4. $\overline{A \wedge B}$ sei $\neg(\neg\bar{A} \vee \neg\bar{B})$.

1.5. $\overline{A \rightarrow B}$ sei $\Box(\neg\bar{A} \vee \bar{B})$.

1.6. $\overline{\bigvee x\mathfrak{A}(x)}$ sei $\bigvee x\overline{\mathfrak{A}}(x)$.

1.7. $\overline{\bigwedge x\mathfrak{A}(x)}$ sei $\Box\neg\bigvee x\neg\overline{\mathfrak{A}}(x)$.

In 1.6 und 1.7 bezeichne $\overline{\mathfrak{A}}$ eine Nennform, so daß $\overline{\mathfrak{A}}(a)$ die Formel
$\overline{\mathfrak{A}(a)}$ ist.

Als *I-Formeln* bezeichnen wir diejenigen Formeln des Systems *S*4′, die sich als Bilder $\bar{F}$ von Formeln $F$ des Systems $IL$ bei der obigen Abbildung ergeben.

2. Einer *Sequenz* $\Sigma$ des Systems $IL$ ordnen wir folgendermaßen eine Formel $\bar{\Sigma}$ des Systems $S4'$ zu: Ist $\Sigma$ die Sequenz

$$A_1, ..., A_m \vdash B_1, ..., B_n,$$

so sei $\bar{\Sigma}$ die Formel

$$\neg \, \overline{A_1} \vee \cdots \vee \neg \, \overline{A_m} \vee \overline{B_1} \vee \cdots \vee \overline{B_n}.$$

**Satz 12.1.** Für jede $I$-Formel $\bar{C}$ ist die Formel

$$\neg \, \bar{C} \vee \square \, \bar{C}$$

in $S4'$ herleitbar.

Beweis durch Induktion nach der Länge der Formel $C$.

1. $C$ sei eine Primformel oder eine Formel der Gestalt $\neg A$, $A \to B$ oder $\wedge x \mathfrak{A}(x)$. Dann ist $\bar{C}$ eine Formel $\square B$ und $\neg \bar{C} \vee \square \bar{C}$ die Formel $\neg \square B \vee \square \square B$, die ein Axiom in $S4^*$ und daher (nach Satz 7.3) in $S4'$ herleitbar ist.

2. $C$ sei eine Formel $A \vee B$. Aus der aussagenlogisch gültigen Formel $\neg \square \bar{A} \vee (\bar{A} \vee \bar{B}) \vee \neg \bar{A}$ folgt durch einen Grundschluß (G4) $\neg \square \bar{A} \vee (\bar{A} \vee \bar{B})$ und durch einen Grundschluß (G5') $\neg \square \bar{A} \vee \square (\bar{A} \vee \bar{B})$. Nach Induktionsvoraussetzung ist $\neg \bar{A} \vee \square \bar{A}$ herleitbar. Nach der Schnittregel folgt $\neg \bar{A} \vee \square (\bar{A} \vee \bar{B})$. Ebenso ergibt sich $\neg \bar{B} \vee \square (\bar{A} \vee \bar{B})$. Aussagenlogisch folgt $\neg (\bar{A} \vee \bar{B}) \vee \square (\bar{A} \vee \bar{B})$. Das ist $\neg \overline{(A \vee B)} \vee \square \overline{(A \vee B)}$.

3. $C$ sei eine Formel $A \wedge B$. Aus der aussagenlogisch gültigen Formel $\neg \square \bar{A} \vee \neg \square \bar{B} \vee \neg (\neg \bar{A} \vee \neg \bar{B}) \vee \neg \bar{A} \vee \neg \bar{B}$ folgt durch zwei Grundschlüsse (G4) $\neg \square \bar{A} \vee \neg \square \bar{B} \vee \neg (\neg \bar{A} \vee \neg \bar{B})$ und durch einen Grundschluß (G5') $\neg \square \bar{A} \vee \neg \square \bar{B} \vee \square \neg (\neg \bar{A} \vee \neg \bar{B})$. Nach Induktionsvoraussetzung sind $\neg \bar{A} \vee \square \bar{A}$ und $\neg \bar{B} \vee \square \bar{B}$ herleitbar. Mit der Schnittregel folgt $\neg \bar{A} \vee \neg \bar{B} \vee \square \neg (\neg \bar{A} \vee \neg \bar{B})$. Aussagenlogisch folgt $\neg \neg (\neg \bar{A} \vee \neg \bar{B}) \vee \square \neg (\neg \bar{A} \vee \neg \bar{B})$. Das ist $\neg \overline{(A \wedge B)} \vee \square \overline{(A \wedge B)}$.

4. $C$ sei eine Formel $\vee x \mathfrak{A}(x)$. Wir wählen eine freie Objektvariable $a$, die in $C$ nicht auftritt. Aus der aussagenlogisch gültigen Formel $((\neg \square \overline{\mathfrak{A}}(a) \vee \vee x \overline{\mathfrak{A}}(x)) \vee \neg \overline{\mathfrak{A}}(a)) \vee \overline{\mathfrak{A}}(a)$ folgt durch Grundschlüsse (G3) und (G4) $\neg \square \overline{\mathfrak{A}}(a) \vee \vee x \overline{\mathfrak{A}}(x)$ und durch einen Grundschluß (G5') $(\neg \vee x \overline{\mathfrak{A}}(x) \vee \square \vee x \overline{\mathfrak{A}}(x)) \vee \neg \square \overline{\mathfrak{A}}(a)$. Nach Induktionsvoraussetzung ist $\neg \overline{\mathfrak{A}}(a) \vee \square \overline{\mathfrak{A}}(a)$ herleitbar. Nach der Schnittregel folgt $(\neg \vee x \overline{\mathfrak{A}}(x) \vee \square \vee x \overline{\mathfrak{A}}(x)) \vee \neg \overline{\mathfrak{A}}(a)$, und durch einen Grundschluß (G2) folgt $\neg \vee x \overline{\mathfrak{A}}(x) \vee \square \vee x \overline{\mathfrak{A}}(x)$. Das ist $\neg \, \overline{\vee x \mathfrak{A}(x)} \vee \square \, \overline{\vee x \mathfrak{A}(x)}$.

**Satz 12.2.** Ist die Sequenz $\Sigma$ in *IL* herleitbar, so ist die Formel $\bar{\Sigma}$ in *S*4′ herleitbar.

Beweis durch Induktion nach der Herleitung von $\Sigma$.

1. $\Sigma$ sei ein Axiom $P \vdash P$. Dann ist $\bar{\Sigma}$ die aussagenlogisch gültige (also in *S*4′ herleitbare) Formel $\neg \bar{P} \vee \bar{P}$.

2. $\Sigma$ sei durch einen Vertauschungsschluß (V1) oder (V2) aus einer Sequenz $\Sigma_1$ erschlossen. Dann sind $\bar{\Sigma}_1$ und $\bar{\Sigma}$ Formeln der Gestalt $F[A_+, B_+]$ und $F[B_+, A_+]$. Aus der Formel $\bar{\Sigma}_1$, die nach der Induktionsvoraussetzung in *S*4′ herleitbar ist, folgt $\bar{\Sigma}$ nach der Vertauschungsregel des Satzes 6.2.

3. $\Sigma$ sei durch einen Kürzungsschluß (K1) oder (K2) aus $\Sigma_1$ erschlossen. Dann haben $\bar{\Sigma}_1$ und $\bar{\Sigma}$ die Gestalt $F[A_+, A_+]$ und $F[A_+, \cdot]$. In diesem Fall folgt $\bar{\Sigma}$ aus $\bar{\Sigma}_1$ nach der Kürzungsregel des Satzes 6.4.

4. $\Sigma$ sei durch einen Abschwächungsschluß (A1) oder (A2) aus $\Sigma_1$ erschlossen. Dann ist $\bar{\Sigma}$ eine Formel $\neg \bar{A} \vee \bar{\Sigma}_1$ oder $\bar{\Sigma}_1 \vee \bar{A}$, die nach der Abschwächungsregel des Satzes 6.3 (und der Vertauschungsregel des Satzes 6.2) aus $\bar{\Sigma}_1$ folgt.

5. $\Sigma$ sei durch einen Junktorenschluß ($\vee$1), ($\wedge$1) oder ($\wedge$2) aus $\Sigma_i$ ($i = 1, 2$ oder $i = 1$) erschlossen. In diesen Fällen haben $\bar{\Sigma}_i$ und $\bar{\Sigma}$ folgende Gestalt:

$$(15.1) \quad \bar{\Sigma}_1 \equiv \neg \bar{A} \vee C, \quad \bar{\Sigma}_2 \equiv \neg \bar{B} \vee C, \quad \bar{\Sigma} \equiv \neg (\bar{A} \vee \bar{B}) \vee C$$

$$(15.2) \quad \bar{\Sigma}_1 \equiv \neg \bar{A} \vee \neg \bar{B} \vee C, \qquad\qquad \bar{\Sigma} \equiv \neg \neg (\neg \bar{A} \vee \neg \bar{B}) \vee C$$

$$(15.3) \quad \bar{\Sigma}_1 \equiv C \vee \bar{A}, \quad \bar{\Sigma}_2 \equiv C \vee \bar{B}, \quad \bar{\Sigma} \equiv C \vee \neg (\neg \bar{A} \vee \neg \bar{B})$$

In jedem dieser drei Fälle folgt $\bar{\Sigma}$ aussagenlogisch aus den $\bar{\Sigma}_i$.

6. $\Sigma$ sei durch einen Junktorenschluß ($\vee$2) aus $\Sigma_1$ erschlossen. Dann stimmt $\bar{\Sigma}$ mit $\bar{\Sigma}_1$ überein.

7. $\Sigma$ sei durch einen Junktorenschluß ($\rightarrow$1) aus $\Sigma_1, \Sigma_2$ erschlossen. Dann haben $\bar{\Sigma}_1$, $\bar{\Sigma}_2$ und $\bar{\Sigma}$ die Gestalt $C \vee \bar{A}$, $\neg \bar{B} \vee C$ und $\neg \Box (\neg \bar{A} \vee \bar{B}) \vee C$. Aus $\bar{\Sigma}_1$ und $\bar{\Sigma}_2$ folgt aussagenlogisch $\neg (\neg \bar{A} \vee \bar{B}) \vee C$. Mit der (nach Satz 7.3) herleitbaren Formel $\neg \Box (\neg \bar{A} \vee \bar{B}) \vee (\neg \bar{A} \vee \bar{B})$ folgt $\bar{\Sigma}$ nach der Schnittregel.

8. $\Sigma$ sei durch einen Junktorenschluß ($\neg$1) aus $\Sigma_1$ erschlossen. Dann hat man $\bar{\Sigma}_1 \equiv C \vee \bar{A}$ und $\bar{\Sigma} \equiv \neg \Box \neg \bar{A} \vee C$. Aus $\bar{\Sigma}_1$ und der herleitbaren Formel $\neg \Box \neg \bar{A} \vee \neg \bar{A}$ folgt $\bar{\Sigma}$ nach der Schnittregel.

9. $\Sigma$ sei durch einen Junktorenschluß ($\rightarrow$2) oder ($\neg$2) aus $\Sigma_1$ erschlos-

sen. Dann haben $\bar{\Sigma}_1$ und $\bar{\Sigma}$ folgende Gestalt:

$$(9.1) \qquad \bar{\Sigma}_1 \equiv \neg \bar{A} \vee \neg \bar{C}_1 \vee \cdots \vee \neg \bar{C}_n \vee \bar{B},$$
$$\bar{\Sigma} \equiv \neg \bar{C}_1 \vee \cdots \vee \neg \bar{C}_n \vee \Box(\neg \bar{A} \vee \bar{B})$$

$$(9.2) \qquad \bar{\Sigma}_1 \equiv \neg \bar{A} \vee \neg \bar{C}_1 \vee \cdots \vee \neg \bar{C}_n,$$
$$\bar{\Sigma} \equiv \neg \bar{C}_1 \vee \cdots \vee \neg \bar{C}_n \vee \Box \neg \bar{A}.$$

Aus $\bar{\Sigma}_1$ folgt mit den herleitbaren Formeln $\neg \Box \bar{C}_i \vee \bar{C}_i$ nach der Schnittregel:

$$\neg \bar{A} \vee \neg \Box \bar{C}_1 \vee \cdots \vee \neg \Box \bar{C}_n \vee \bar{B} \quad \text{im Fall (9.1),}$$
$$\neg \bar{A} \vee \neg \Box \bar{C}_1 \vee \cdots \vee \neg \Box \bar{C}_n \qquad \text{im Fall (9.2).}$$

Mit der Vertauschungsregel und einem Grundschluß (G5′) folgt

$$\neg \Box \bar{C}_1 \vee \cdots \vee \neg \Box \bar{C}_n \vee \Box(\neg \bar{A} \vee \bar{B})$$
$$\text{bzw.} \quad \neg \Box \bar{C}_1 \vee \cdots \vee \neg \Box \bar{C}_n \vee \Box \neg \bar{A}$$

Nach Satz 12.1 sind die Formeln $\neg \bar{C}_i \vee \Box \bar{C}_i$ herleitbar. Nach der Schnittregel folgt $\bar{\Sigma}$.

10. $\Sigma$ sei durch einen Quantorenschluß $(\vee 1)$ oder $(\vee 2)$ aus $\Sigma_1$ erschlossen. Dann folgt $\bar{\Sigma}$ aus $\bar{\Sigma}_1$ nach den Regeln der Prädikatenlogik.

11. $\Sigma$ sei durch einen Quantorenschluß $(\wedge 1)$ aus $\Sigma_1$ erschlossen. Dann haben $\bar{\Sigma}_1$ und $\bar{\Sigma}$ die Gestalt $\neg \mathfrak{A}(a) \vee C$ und $\neg \Box \neg \bigvee x \neg \mathfrak{A}(x) \vee C$. Aus $\bar{\Sigma}_1$ folgt prädikatenlogisch $\bigvee x \neg \mathfrak{A}(x) \vee C$. Mit der herleitbaren Formel $\neg \Box \neg \bigvee x \neg \mathfrak{A}(x) \vee \neg \bigvee x \neg \mathfrak{A}(x)$ folgt $\bar{\Sigma}$ nach der Schnittregel.

12. $\Sigma$ sei durch einen Quantorenschluß $(\wedge 2)$ aus $\Sigma_1$ erschlossen. Dann hat man

$$\bar{\Sigma}_1 \equiv \neg \bar{C}_1 \vee \cdots \vee \neg \bar{C}_n \vee \mathfrak{A}(a),$$
$$\bar{\Sigma} \equiv \neg \bar{C}_1 \vee \cdots \vee \neg \bar{C}_n \vee \Box \neg \bigvee x \neg \mathfrak{A}(x),$$

wobei die freie Objektvariable $a$ nicht in $\bar{\Sigma}$ auftritt. Aus $\bar{\Sigma}_1$ folgt prädikatenlogisch $\neg \bar{C}_1 \vee \cdots \vee \neg \bar{C}_n \vee \neg \bigvee x \neg \mathfrak{A}(x)$. Durch Schnitte mit den herleitbaren Formeln $\neg \Box \bar{C}_i \vee \bar{C}_i$ folgt $\neg \Box \bar{C}_1 \vee \cdots \vee \neg \Box \bar{C}_n \vee \neg \bigvee x \neg \mathfrak{A}(x)$, und durch einen Grundschluß (G5′) folgt
$\neg \Box \bar{C}_1 \vee \cdots \vee \neg \Box \bar{C}_n \vee \Box \neg \bigvee x \neg \mathfrak{A}(x)$. Hieraus folgt $\bar{\Sigma}$ durch Schnitte mit den Formeln $\neg \bar{C}_i \vee \Box \bar{C}_i$ die nach Satz 12.1 herleitbar sind.

**Satz 12.3.**   Ist $F$ in $IL$ herleitbar, so ist $\bar{F}$ in $S4'$ herleitbar.

Beweis. $\Sigma$ sei die Sequenz $\vdash F$. Dann ist $\bar{\Sigma}$ die Formel $\bar{F}$. Aus der Herleitbarkeit von $F$ in $IL$ folgt also nach Satz 12.2, daß $\bar{F}$ in $S4'$ herleitbar ist.

## § 13. *I*-Ausdrücke des Systems *S*4'

Um zu zeigen, daß auch aus der Herleitbarkeit von $F$ in $S4'$ die Herleitbarkeit von $F$ in *IL* folgt, beweisen wir in diesem Paragraphen einen allgemeineren Satz. Hierzu stellen wir zunächst einige Struktureigenschaften der *I*-Formeln zusammen und führen dann den allgemeineren Begriff eines *I*-Ausdrucks ein.

1. Aus den Definitionen der *I*-Formeln und der Positiv- und Negativteile von Formeln des Systems $S4'$ ergibt sich: Jeder Positivteil einer *I*-Formel ist eine *I*-Formel. Jeder minimale Positivteil einer *I*-Formel hat die Gestalt $\Box P$, $\Box \neg \bar{A}$, $\Box(\neg \bar{A} \vee \bar{B})$, $\bigvee x \mathfrak{A}(x)$ oder $\Box \neg \bigvee x \neg \overline{\mathfrak{A}}(x)$. Jeder minimale Negativteil einer *I*-Formel hat die Gestalt $\neg \bar{A} \vee \neg \bar{B}$.

Als die *I-Adjunktionsglieder* einer *I*-Formel $F$ bezeichnen wir die minimalen Positivteile von $F$ und diejenigen Positivteile von $F$, die die Gestalt $\neg(\neg \bar{A} \vee \neg \bar{B})$ haben. Die *I*-Adjunktionsglieder sind also *I*-Formeln der Gestalt $\bar{P}$, $\overline{\neg A}$, $\overline{A \wedge B}$, $\overline{A \to B}$, $\overline{\bigvee x \mathfrak{A}(x)}$ oder $\overline{\bigwedge x \mathfrak{A}(x)}$. Man erkennt unmittelbar:

**Lemma 1.** Jede *I*-Formel $F$ ist eine Formel $\overline{A_1 \vee \cdots \vee A_n}$ (mit $n \geq 1$), wobei $\bar{A}_1, \ldots, \bar{A}_n$ die *I*-Adjunktionsglieder von $F$ sind. (Dies sind die minimalen Positivteile und die Positivteile der Gestalt $\overline{A \wedge B}$ von $F$.)

2. Das Negat $\neg F$ einer *I*-Formel $F$ hat keinen minimalen Positivteil. Die minimalen Negativteile von $\neg F$ haben die Gestalt $\Box P$, $\Box \neg \bar{A}$, $\bar{A} \vee \bar{B}$, $\Box(\neg \bar{A} \vee \bar{B})$, $\bigvee x \mathfrak{A}(x)$ oder $\Box \neg \bigvee x \neg \overline{\mathfrak{A}}(x)$. Wir nennen sie die *I-Konjunktionsglieder* der *I*-Formel $F$. Sie sind *I*-Formeln der Gestalt $\bar{P}$, $\overline{\neg A}$, $\overline{A \vee B}$, $\overline{A \to B}$, $\overline{\bigvee x \mathfrak{A}(x)}$ oder $\overline{\bigwedge x \mathfrak{A}(x)}$. Man erkennt leicht:

**Lemma 2.** Jede *I*-Formel $F$ ist eine Formel $\overline{A_1 \wedge \cdots \wedge A_n}$ (mit $n \geq 1$), wobei $\bar{A}_1, \ldots, \bar{A}_n$ die *I*-Konjunktionsglieder von $F$ sind. (Dies sind die minimalen Negativteile der Formel $\neg F$.)

3. Unter einem *I-Ausdruck* verstehen wir eine Formel $C$ des Systems $S4'$, die folgende Eigenschaften hat:

3.1. Jeder minimale Positivteil von $C$ ist entweder eine *I*-Formel oder eine Primformel oder eine Formel $\bigvee x \neg \overline{\mathfrak{A}}(x)$.

3.2. Jeder minimale Negativteil von $C$ ist entweder eine *I*-Formel oder eine Primformel oder eine Formel $\neg \bar{A} \vee \neg \bar{B}$ oder $\neg \bar{A} \vee \bar{B}$ oder $\bigvee x \neg \overline{\mathfrak{A}}(x)$.

Nach dieser Definition ist insbesondere jede *I*-Formel ein *I*-Ausdruck.

4. Einem $I$-Ausdruck $C$ ordnen wir folgendermaßen eine Sequenz $\Sigma(C)$ des Systems $IL$ zu.

4.1. $\Sigma(C)$ soll genau folgende *Antezedensformeln* haben:

1) $A$, wenn $\bar{A}$ ein minimaler Negativteil von $C$ ist,

2) jede Primformel, die als Negativteil in $C$ auftritt,

3) $A \rightarrow B$, wenn $\neg \bar{A} \vee \bar{B}$ ein Negativteil von $C$ ist,

4) $\bigwedge x \mathfrak{A}(x)$, wenn $\bigvee x \neg \overline{\mathfrak{A}}(x)$ ein Positivteil von $C$ ist.

4.2. $\Sigma(c)$ soll genau folgende *Sukzedensformeln* haben:

1) $A$, wenn $\bar{A}$ ein minimaler Positivteil von $C$ ist,

2) jede Primformel, die als Positivteil in $C$ auftritt,

3) $A \wedge B$, wenn $\neg \bar{A} \vee \neg \bar{B}$ ein Negativteil von $C$ ist,

4) $\mathfrak{A}(a)$, wenn $\bigvee x \neg \overline{\mathfrak{A}}(x)$ ein Negativteil von $C$ ist. Dabei sei $a$ eine freie Objektvariable, die in keiner anderen Formel von $\Sigma(c)$ und auch nicht in $\bigvee x \neg \overline{\mathfrak{A}}(x)$ auftritt.

Die Sequenz $\Sigma(c)$ ist nur bis auf die Reihenfolge ihrer Formeln und bis auf die nach 4.2.4) zu wählenden freien Objektvariablen eindeutig durch $C$ bestimmt.

5. Ist $A$ eine Formel des Systems $IL$, so sei $DA$ die Folge der *Adjunktionsglieder* $A_1, \ldots, A_m$ von $A$, so daß $A$ die Formel $A_1 \vee \cdots \vee A_m$ ist und keine Formel $A_i$ die Gestalt $C_1 \vee C_2$ hat. Entsprechend sei $KA$ die Folge der *Konjunktionsglieder* $B_1, \ldots, B_n$ von $A$, so daß $A$ die Formel $B_1 \wedge \cdots \wedge B_n$ ist und keine Formel $B_i$ die Gestalt $C_1 \wedge C_2$ hat. Aus den Lemmata 1 und 2 folgt:

5.1. Ist $\bar{A}$ ein Positivteil eines $I$-Ausdrucks $C$, so besteht der Beitrag, den $\bar{A}$ zu $\Sigma(C)$ liefert, aus der Folge $DA$ von Sukzedensformeln der Sequenz $\Sigma(C)$.

5.2. Ist $\bar{A}$ ein Negativteil eines $I$-Ausdrucks $C$, so besteht der Beitrag, den $\bar{A}$ zu $\Sigma(C)$ liefert, aus der Folge $KA$ von Antezedensformeln der Sequenz $\Sigma(C)$.

**Satz 13.1.** Ist ein $I$-Ausdruck $C$ in $S4'$ herleitbar, so ist die Sequenz $\Sigma(C)$ in $IL$ herleitbar.

Beweis durch Herleitungsinduktion. Es kommt nicht auf die Reihenfolge der Formeln in $\Sigma(C)$ an, da in $IL$ die Vertauschungsregeln (V1) und (V2) gelten. Wir können also die Formeln von $\Sigma(C)$ in beliebiger Reihenfolge verwenden:

1. $C$ sei ein Axiom $F[P_+, P_-]$ des Systems $S4'$. Dann ist $\Sigma(C)$ eine Sequenz $\Gamma, P \vdash P, \Delta$, die aus dem Axiom $P \vdash P$ des Systems $IL$ durch Abschwächungsschlüsse (A1) und (A2) folgt.

2. $C$ sei durch einen Grundschluß (G1) aus $C_1$ und $C_2$ erschlossen. Für den Hauptteil dieses Grundschlusses kommen drei verschiedene Fälle in Betracht.

2.1. Der Grundschluß (G1) hat den Hauptteil $\bar{A} \vee \bar{B}$. Dann ist $\Sigma(C)$ eine Sequenz $A \vee B$, $\Gamma \vdash \Delta$, und $C_1$, $C_2$ sind $I$-Ausdrücke, deren Sequenzen $\Sigma(C_1)$ und $\Sigma(C_2)$ die Gestalt $KA$, $A \vee B$, $\Gamma \vdash \Delta$ und $KB$, $A \vee B$, $\Gamma \vdash \Delta$ haben. Nach Induktionsvoraussetzung sind $\Sigma(C_1)$ und $\Sigma(C_2)$ in $IL$ herleitbar. Mit Grundschlüssen $(\wedge 1)$, $(\vee 1)$ und (K1) folgt $\Sigma(C)$.

2.2. Der Grundschluß (G1) hat den Hauptteil $\neg \bar{A} \vee \neg \bar{B}$. Dann ist $\Sigma(C)$ eine Sequenz $\Gamma \vdash \Delta$, $A \wedge B$, und $C_1$, $C_2$ sind $I$-Ausdrücke, deren Sequenzen $\Sigma(C_1)$ und $\Sigma(C_2)$ die Gestalt $\Gamma \vdash \Delta$, $A \wedge B$, $DA$ und $\Gamma \vdash \Delta$, $A \wedge B$, $DB$ haben. Aus diesen Sequenzen, die nach Induktionsvoraussetzung herleitbar sind, folgt mit Grundschlüssen $(\vee 2)$, $(\wedge 2)$ und (K2) die Sequenz $\Sigma(C)$.

2.3. Der Grundschluß (G1) hat den Hauptteil $\neg \bar{A} \vee \bar{B}$. Dann ist $\Sigma(C)$ eine Sequenz $A \rightarrow B$, $\Gamma \vdash \Delta$, und $C_1$, $C_2$ sind $I$-Ausdrücke, deren Sequenzen $\Sigma(C_1)$ und $\Sigma(C_2)$ die Gestalt $A \rightarrow B$, $\Gamma \vdash \Delta$, $DA$ und $KB$, $A \rightarrow B$, $\Gamma \vdash \Delta$ haben. Aus diesen Sequenzen folgt durch Grundschlüsse $(\vee 2)$, $(\wedge 1)$, $(\rightarrow 1)$ und (K1) die Sequenz $\Sigma(C)$.

3. $C$ sei durch einen Grundschluß (G2) mit der Eigenvariablen $a$ aus $C_1$ erschlossen. Für den Hauptteil dieses Grundschlusses kommen zwei verschiedene Fälle in Betracht.

3.1. Der Grundschluß (G2) hat den Hauptteil $\bigvee x \mathfrak{A}(x)$. Dann ist $\Sigma(C)$ eine Sequenz $\bigvee x \mathfrak{A}(x)$, $\Gamma \vdash \Delta$ und $C_1$ ein $I$-Ausdruck, so daß $\Sigma(C_1)$ die Gestalt $K\mathfrak{A}(a)$, $\bigvee x \mathfrak{A}(x)$, $\Gamma \vdash \Delta$ hat. Aus $\Sigma(C_1)$ folgt $\Sigma(C)$ durch Grundschlüsse $(\wedge 1)$, $(\bigvee 1)$ und (K1).

3.2. Der Grundschluß (G2) hat den Hauptteil $\bigvee x \neg \mathfrak{A}(x)$. Dann ist $\Sigma(C)$ eine Sequenz $\Gamma \vdash \Delta$, $\mathfrak{A}(b)$ und $C_1$ ein $I$-Ausdruck, so daß $\Sigma(C_1)$ die Gestalt $\Gamma \vdash \Delta$, $\mathfrak{A}(b)$, $D\mathfrak{A}(a)$ hat, wobei die freie Objektvariable $a$ nicht in $\Sigma(C)$ auftritt. Ebenso wie die Sequenz $\Sigma(C_1)$, die nach Induktionsvoraussetzung in $IL$ herleitbar ist, ist auch die Sequenz $\Gamma \vdash \Delta$, $\mathfrak{A}(b)$, $D\mathfrak{A}(b)$ in $IL$ herleitbar. Mit Grundschlüssen $(\vee 2)$ und (K2) folgt $\Sigma(C)$.

4. $C$ sei durch einen Grundschluß (G3) aus $C_1$ erschlossen. Für den Hauptteil dieses Grundschlusses kommen wie unter 3. zwei verschiedene Fälle in Betracht.

4.1. Der Grundschluß (G3) hat den Hauptteil $\bigvee x \mathfrak{A}(x)$. Dann ist $\Sigma(C)$ eine Sequenz $\Gamma \vdash \Delta$, $\bigvee x \mathfrak{A}(x)$ und $C_1$ eine $I$-Formel, so daß $\Sigma(C_1)$ die Gestalt $\Gamma \vdash \Delta$, $\bigvee x \mathfrak{A}(x)$, $D\mathfrak{A}(a)$ hat. Aus $\Sigma(C_1)$ folgt $\Sigma(C)$ durch Grundschlüsse $(\vee 2)$, $(\bigvee 2)$ und (K2).

4.2. Der Grundschluß (G3) hat den Hauptteil $\bigvee x \neg \mathfrak{A}(x)$. Dann ist $\Sigma(C)$ eine Sequenz $\bigwedge x \mathfrak{A}(x), \Gamma \vdash \Delta$ und $C_1$ eine $I$-Formel, so daß $\Sigma(C_1)$ die Gestalt $K\mathfrak{A}(a), \bigwedge x \mathfrak{A}(x), \Gamma \vdash \Delta$ hat. Aus $\Sigma(C_1)$ folgt $\Sigma(C)$ durch Grundschlüsse $(\wedge 1)$, $(\bigwedge 1)$ und (K1).

5. $C$ sei durch einen Grundschluß (G4) aus $C_1$ erschlossen. Für den Hauptteil dieses Grundschlusses kommen folgende Fälle in Betracht.

5.1. Der Hauptteil des Grundschlusses (G4) ist eine Formel $\Box P$ (mit einer Primformel $P$) oder $\Box(\neg \bar{A} \vee \bar{B})$ oder $\Box \neg \bigvee x \neg \bar{\mathfrak{A}}(x)$. Dann ist $\Sigma(C)$ eine Sequenz $F, \Gamma \vdash \Delta$, wobei $F$ die Formel $P$ oder $A \to B$ oder $\bigwedge x \mathfrak{A}(x)$ ist, und $C_1$ ein $I$-Ausdruck, so daß $\Sigma(C_1)$ die Gestalt $F, F, \Gamma \vdash \Delta$ hat. Aus $\Sigma(C_1)$ folgt $\Sigma(C)$ durch einen Grundschluß (K1).

5.2. Der Grundschluß (G4) hat den Hauptteil $\Box \neg \bar{A}$. Dann ist $\Sigma(C)$ eine Sequenz $\neg A, \Gamma \vdash \Delta$, und $C_1$ ist ein $I$-Ausdruck, so daß $\Sigma(C_1)$ die Gestalt $\neg A, \Gamma \vdash \Delta, DA$ hat. Aus $\Sigma(C_1)$ folgt $\Sigma(C)$ durch Grundschlüsse $(\vee 2)$, $(\neg 1)$ und (K1).

6. $C$ sei durch einen Grundschluß (G5$'$) aus $C_1$ erschlossen. Für den Hauptteil dieses Grundschlusses kommen folgende vier Fälle in Betracht.

6.1. Der Grundschluß (G5$'$) hat den Hauptteil $\Box P$ mit einer Primformel $P$. Dann ist $C_1$ ein $I$-Ausdruck, so daß $\Sigma(C_1)$ und $\Sigma(C)$ die Gestalt $\Delta \vdash P$ und $\Gamma, \Delta \vdash P, \Theta$ haben. Aus $\Sigma(C_1)$ folgt $\Sigma(C)$ durch Grundschlüsse (A1) und (A2).

6.2. Der Grundschluß (G5$'$) hat den Hauptteil $\Box \neg \bar{A}$. Dann ist $C_1$ ein $I$-Ausdruck, so daß $\Sigma(C_1)$ und $\Sigma(C)$ die Gestalt $KA, \Delta \vdash$ und $\Gamma, \Delta \vdash \neg A, \Theta$ haben. Aus $\Sigma(C_1)$ folgt $\Sigma(C)$ durch Grundschlüsse $(\vee 1)$, $(\neg 2)$, (A1) und (A2).

6.3. Der Grundschluß (G5$'$) hat den Hauptteil $\Box(\neg \bar{A} \vee \bar{B})$. Dann ist $C_1$ ein $I$-Ausdruck, so daß $\Sigma(C_1)$ und $\Sigma(C)$ die Gestalt $KA, \Delta \vdash DB$ und $\Gamma, \Delta \vdash A \to B, \Theta$ haben. Aus $\Sigma(C_1)$ folgt $\Sigma(C)$ durch Grundschlüsse $(\vee 1)$, $(\wedge 2)$, $(\to 2)$, (A1) und (A2).

6.4. Der Grundschluß (G5$'$) hat den Hauptteil $\Box \neg \bigvee x \neg \bar{\mathfrak{A}}(x)$. Dann ist $C_1$ ein $I$-Ausdruck, so daß $\Sigma(C_1)$ und $\Sigma(C)$ die Gestalt $\Delta \vdash \mathfrak{A}(a)$ und $\Gamma, \Delta \vdash \bigwedge x \mathfrak{A}(x), \Theta$ haben, wobei die freie Objektvariable $a$ weder in $\Delta$ noch in der Formel $\bigwedge x \mathfrak{A}(x)$ auftritt. Aus $\Sigma(C_1)$ folgt $\Sigma(C)$ durch Grundschlüsse $(\bigwedge 2)$, (A1) und (A2).

**Satz 13.2.** Ist eine $I$-Formel $F$ in $S4'$ herleitbar, so ist die Formel $F$ in $IL$ herleitbar.

Beweis. Aus der Herleitbarkeit von $F$ in $S4'$ folgt nach Satz 13.1, daß die Sequenz $\Sigma(F)$ in $IL$ herleitbar ist. Das ist die Sequenz $\vdash DF$. Mit

Grundschlüssen ($\vee$ 2) folgt, daß auch die Formel $F$ in *IL* herleitbar ist.

**Zusammenfassung.** Nach den Sätzen 12.3 und 13.2 ist eine Formel $F$ genau dann in *IL* herleitbar, wenn die *I*-Formel $\bar{F}$ in *S*4′ herleitbar ist. Durch die Abbildung von $F$ auf $\bar{F}$ wird also die intuitionistische Prädikatenlogik in das modalitätenlogische System *S*4′ eingebettet.

# V. Semantik der intuitionistischen Prädikatenlogik nach Kripke

## § 14. Modelle der intuitionistischen Prädikatenlogik

Mit der Einbettung der intuitionistischen Prädikatenlogik in die Modalitätenlogik wird durch den Modellbegriff des Systems $S4^*$ ein Modellbegriff der intuitionistischen Logik induziert. Ist $(M, R, V, \bar{W})$ ein $S4^*$-Modell, so erhält man ein $IL$-Modell $(M, R, V, W)$, indem man $W(F, \alpha) = \bar{W}(F, \alpha)$ für $I$-Formeln $F$ und $\alpha \in M$ setzt. Dieses Modell $(M, R, V, W)$ ist das durch das $S4^*$-Modell $(M, R, V, \bar{W})$ *induzierte* $IL$-Modell.

Das $IL$-Modell hat die Eigenschaft, daß für jede Primformel $P$ mit $W(P, \alpha) = w$ und $\alpha R \beta$ auch $W(P, \beta) = w$ ist, da ja $W(P, \alpha) = \bar{W}(\square P, \alpha)$ sein soll. Dies bedeutet für jede Prädikatenvariable $p$, daß für $\alpha R \beta$ stets $W(p, \alpha) \subseteq W(p, \beta)$ ist. Im übrigen können die Wahrheitswerte der Primformeln beliebig verteilt sein. Die Wahrheitswerte zusammengesetzter Formeln sind im $IL$-Modell ebenso wie im $S4^*$-Modell induktiv definiert. Die Modelle der intuitionistischen Prädikatenlogik lassen sich daher auch ohne Bezugnahme auf $S4^*$-Modelle beschrieben, nämlich:

1. Ein *Modell* $(M, R, V, W)$ ist folgendermaßen bestimmt.

1.1. $M$ ist eine nichtleere Menge.

1.2. $R$ ist eine reflexive und transitive Relation auf $M$.

1.3. $V$ ist eine Funktion, die jedem $\alpha \in M$ eine nichtleere Menge $V(\alpha)$ zuordnet, so daß für $\alpha, \beta \in M$ gilt:

$$\alpha R \beta \Rightarrow V(\alpha) \subseteq V(\beta).$$

1.4. $W$ ist eine Funktion, die folgende Zuordnungen herstellt.

1.4.1. Jeder freien Objektvariablen $a$ wird ein Element $W(a)$ aus $\bigcap_{\alpha \in M} V(\alpha)$ zugeordnet.

1.4.2. Jeder Aussagenvariablen $v$ wird zu jedem $\alpha \in M$ ein Wahrheitswert $W(v, \alpha)$ zugeordnet, so daß für $\alpha, \beta \in M$ gilt:

$$W(v, \alpha) = w, \quad \alpha R \beta \Rightarrow W(v, \beta) = w.$$

**1.4.3.** Jeder $n$-stelligen Prädikatenvariablen $p$ wird zu jedem $\alpha \in M$ eine Menge $W(p, \alpha)$ von $n$-tupeln von Elementen aus $V(\alpha)$ zugeordnet, so daß für $\alpha, \beta \in M$ gilt:

$$\alpha R \beta \Rightarrow W(p, \alpha) \subseteq W(p, \beta).$$

**2.** Entsprechend wie im §2 verstehen wir unter einem *V-Ausdruck F'* eine Zeichenreihe, die sich aus einer Formel $F$ (der intuitionistischen Prädikatenlogik) ergibt, wenn die darin auftretenden freien Objektvariablen durch Namen von Elementen aus $\bigcup_{\alpha \in M} V(\alpha)$ ersetzt werden. Für $\alpha \in M$ wird der Wahrheitswert $W(F', \alpha)$ eines $V$-Ausdrucks $F'$ in einem Modell $(M, R, V, W)$ folgendermaßen induktiv definiert.

**2.1.** Ist $F'$ eine Aussagenvariable, so ist $W(F', \alpha)$ durch das Modell gegeben.

**2.2.** Ist $F'$ ein $V$-Ausdruck $p\xi_1 \cdots \xi_n$ mit einer $n$-stelligen Prädikatenvariablen $p$, so sei $W(F', \alpha) = w$ genau dann, wenn $(\xi_1 \ldots, \xi_n) \in W(p, \alpha)$ ist.

**2.3.** Ist $F'$ ein $V$-Ausdruck $A' \vee B'$ (bzw. $A' \wedge B'$), so sei $W(F', \alpha) = w$ genau dann, wenn $W(A', \alpha) = w$ oder (bzw. und) $W(B', \alpha) = w$ ist.

**2.4.** Ist $F'$ ein $V$-Ausdruck $A' \rightarrow B'$, so sei $W(F', \alpha) = w$ genau dann, wenn für jedes $\beta \in M$ mit $\alpha R \beta$ $W(A', \beta) = f$ oder $W(B', \beta) = w$ ist.

**2.5.** Ist $F'$ ein $V$-Ausdruck $\neg A'$, so sei $W(F', \alpha) = w$ genau dann, wenn für jedes $\beta \in M$ mit $\alpha R \beta$ $W(A', \beta) = f$ ist.

**2.6.** Ist $F'$ ein $V$-Ausdruck $\bigvee x \mathfrak{A}'(x)$, so sei $W(F', \alpha) = w$ genau dann, wenn es $\xi \in V(\alpha)$ mit $W(\mathfrak{A}'(\xi), \alpha) = w$ gibt.

**2.7.** Ist $F'$ ein $V$-Ausdruck $\bigwedge x \mathfrak{A}'(x)$, so sei $W(F', \alpha) = w$ genau dann, wenn für jedes $\beta \in M$ mit $\alpha R \beta$ und jedes $\xi \in V(\beta)$ $W(\mathfrak{A}'(\xi), \beta) = w$ ist.

Mit diesen Regeln 2.1-2.7, die sich unmittelbar aus der Einbettung der intuitionistischen Prädikatenlogik in das System $S4'$ und aus den Eigenschaften der $S4$*-Modelle ergeben, ist offenbar $W(F', \alpha)$ in vollständiger Weise induktiv definiert.

Ist $F$ eine Formel der intuitionistischen Prädikatenlogik, so sei $F'$ derjenige $V$-Ausdruck, der sich aus $F$ ergibt, wenn jede in $F$ auftretende freie Objektvariable $a$ durch den Namen des Elementes $W(a)$ aus $\bigcup_{\alpha \in M} V(\alpha)$ ersetzt wird. Wir definieren dann $W(F, \alpha) = W(F', \alpha)$ für $\alpha \in M$. Hiermit ist der Wahrheitswert $W(F, \alpha)$ jeder Formel $F$ in einem Modell $(M, R, V, W)$ für jedes $\alpha \in M$ festgelegt.

Man beweist unmittelbar durch Induktion nach der Länge des $V$-Ausdrucks $F'$: Mit $W(F', \alpha) = w$ und $\alpha R \beta$ ist auch $W(F', \beta) = w$. Nach der Definition von $W(F, \alpha)$ folgt für jede Formel $F$:

**Satz 14.1.** Mit $W(F, \alpha) = w$ und $\alpha R \beta$ ist auch $W(F, \beta) = w$.

Die *Beschränkung* $(M_0, R_0, V_0, W_0)$ eines Modelles $(M, R, V, W)$ auf eine nichtleere Teilmenge $M_0$ von $M$ ist folgendermaßen definiert:

$$\alpha_0 R_0 \beta_0 \Leftrightarrow \alpha R \beta, \quad V_0(\alpha_0) = V(\alpha), \quad W_0(P, \alpha_0) = W(P, \alpha)$$

für alle $\alpha_0, \beta_0 \in M_0$ und jede Primformel $P$. Ist $(M, R, V, W)$ ein Modell und $M_0$ eine nichtleere Teilmenge von $M$, so ist offenbar auch $(M_0, R_0, V_0, W_0)$ ein Modell. Hat $M_0$ die Eigenschaft, daß mit $\alpha \in M_0$, $\beta \in M$ und $\alpha R \beta$ auch immer $\beta \in M_0$ ist, so nennen wir $(M_0, R_0, V_0, W_0)$ eine *Restbeschränkung* von $(M, R, V, W)$. Unmittelbar aus den Definitionen ergibt sich:

**Satz 14.2.** Ist $(M_0, R_0, V_0, W_0)$ eine Restbeschränkung eines Modelles $(M, R, V, W)$, so gilt $W_0(F, \alpha) = W(F, \alpha)$ für jede Formel $F$ und jedes Element $\alpha \in M_0$.

Bei beliebigen Beschränkungen kann jedoch der Wahrheitswert $W_0(F, \alpha)$ einer zusammengesetzten Formel $F$ von $W(F, \alpha)$ verschieden sein.

Die semantische *Allgemeingültigkeit* wird entsprechend wie in § 2 definiert:

Ein Modell $(M, R, V, W)$ heißt *zulässig* für eine Formel $F$, wenn $W(a) \in V(\alpha)$ für jede in $F$ auftretende freie Objektvariable $a$ und jedes $\alpha \in M$ gilt. Eine Formel $F$ heißt *gültig* in dem Modell, wenn das Modell für $F$ zulässig ist und $W(F, \alpha) = w$ für alle $\alpha \in M$ gilt. Eine Formel $F$ heißt (intuitionistisch) *allgemeingültig*, wenn sie in jedem für $F$ zulässigen Modell gültig ist.

Aus dem Konsistenzsatz und dem Vollständigkeitssatz für das System $S4^*$ folgt (aufgrund der Einbettung von $IL$ in $S4'$):

**Satz 14.3.** Eine Formel $F$ ist genau dann im System $IL$ der intuitionistischen Prädikatenlogik herleitbar, wenn sie (intuitionistisch) allgemeingültig ist.

Der Vollständigkeitssatz läßt sich für das System $IL$ (ebenso wie für die Systeme $M^*$ und $S4^*$) aufgrund des Beweises in § 4 folgendermaßen verschärfen.

Ein Modell heiße *zulässig* für eine *Formelmenge*, wenn es für jede Formel dieser Menge zulässig ist. Eine Menge **M** von Formeln der intuitionistischen Prädikatenlogik heiße *erfüllbar*, wenn es ein für **M** zulässiges Modell $(M, R, V, W)$ mit einem $\alpha_0 \in M$ gibt, so daß $W(F, \alpha_0) = w$

für alle $F \in M$ gilt. Eine Formelmenge $\mathbf{M}$ heiße *inkonsistent*, wenn es $F_1, \ldots, F_n \in \mathbf{M}$ gibt, so daß die Sequenz

$$F_1, \ldots, F_n \vdash$$

im System $IL$ herleitbar ist. Das ist nach den Sätzen 12.2 und 13.1 genau dann der Fall, wenn die Formel

$$\neg F_1 \vee \cdots \vee \neg F_n$$

im System $S4'$ herleitbar ist. $\overline{\mathbf{M}}$ sei die Menge der Formeln $F$ mit $F \in \mathbf{M}$. Da die Systeme $S4^*$ und $S4'$ äquivalent sind, ergibt sich, daß die Formelmenge $\mathbf{M}$ genau dann inkonsistent ist, wenn die Menge $\overline{\mathbf{M}}$ $S4^*$-inkonsistent ist.

Nach § 4 gibt es zu jeder (höchstens abzählbar unendlichen) $S4^*$-konsistenten Formelmenge $\overline{\mathbf{M}}$ ein zulässiges $S4^*$-Modell $(M, R, V, \overline{W})$ mit einem $\alpha_0 \in M$, so daß $\overline{W}(F, \alpha_0) = w$ für alle $F \in \overline{\mathbf{M}}$ gilt. Hiermit erhält man ein für $\mathbf{M}$ zulässiges Modell $(M, R, V, W)$ mit $W(F, \alpha_0) = w$ für alle $F \in \mathbf{M}$. Es gilt also folgende Verschärfung des Vollständigkeitssatzes:

**Satz 14.4.** Jede (höchstens abzählbar unendliche) konsistente Formelmenge der intuitionistischen Prädikatenlogik ist erfüllbar.

Hieraus folgt:

**Satz 14.5.** Ist jede endliche Teilmenge einer (höchstens abzählbar unendlichen) Formelmenge $\mathbf{M}$ der intuitionistischen Prädikatenlogik erfüllbar, so ist die Menge $\mathbf{M}$ erfüllbar.

Beweis. Angenommen, $\mathbf{M}$ sei inkonsistent. Dann gibt es $F_1, \ldots, F_n \in \mathbf{M}$, so daß die Sequenz $F_1, \ldots, F_n \vdash$ in $IL$ herleitbar ist. In diesem Fall ist auch die Formel $\neg(F_1 \wedge \ldots \wedge F_n)$ in $IL$ herleitbar, also nach Satz 14.3 allgemeingültig. Hiermit ergibt sich, daß die endliche Teilmenge $\{F_1, \ldots, F_n\}$ der Menge $\mathbf{M}$ nicht erfüllbar ist. Aus der Voraussetzung unseres Satzes folgt also, daß $\mathbf{M}$ konsistent und somit nach Satz 14.4 erfüllbar ist.

Unter einem *Baum-Modell* $(I, V, W)$ verstehen wir ein Modell $(I, \leqslant, V, W)$ wobei $I$ ein Indexbaum und $\leqslant$ die in § 8 definierte reflexive und transitive Relation auf $I$ ist. Aus dem Beweis des Vollständigkeitssatzes für das System $S4'$ in den §§ 9 und 10 folgt:

**Satz 14.6.** Zu jeder Formel $F$, die in der intuitionistischen Prädikatenlogik nicht herleitbar ist, gibt es ein zulässiges Baum-Modell $(I, V, W)$ mit $W(F, o) = f$.

Ein solches Baum-Modell kann so gewählt werden, daß $V(\alpha)$ für jedes $\alpha \in I$ eine Menge von freien Objektvariablen ist und $W(a) = a$ für jede in $F$ auftretende freie Objektvariable $a$ gilt.

## § 15. Modelle der intuitionistischen Aussagenlogik

Ein *Modell $(M, R, W)$ der intuitionistischen Aussagenlogik* ist entsprechend wie ein Modell $(M, R, V, W)$ der intuitionistischen Prädikatenlogik definiert. Die Funktion $V$ fällt für die Aussagenlogik fort, da hier keine Objektvariablen auftreten. Wir sprechen von einem *Modell $(M, R, W)$ für eine Formel $F$*, wenn $W(v, \alpha)$ nur für die in $F$ auftretenden Aussagenvariablen $v$ (an allen Stellen $\alpha \in M$) definiert ist. Dies genügt, um den Wahrheitswert $W(F, \alpha)$ einer aussagenlogischen Formel $F$ zu berechnen.

In diesem Paragraphen geben wir einen einfachen direkten Beweis für den Vollständigkeitssatz der intuitionistischen Aussagenlogik, der sich nur auf *endliche* Modelle von baumartiger Struktur bezieht.

Mit kleinen griechischen Buchstaben bezeichnen wir im folgenden endliche (eventuell leere) Mengen von aussagenlogischen Formeln. Das Symbol $\curlywedge$ verwenden wir als Mitteilungszeichen für eine Formel $v_0 \wedge \neg v_0$, wobei $v_0$ eine ausgezeichnete Aussagenvariable sein soll.

$\alpha \rightarrow \beta$ bezeichne die Formel

$A_1 \wedge \cdots \wedge A_m \rightarrow B_1 \vee \cdots \vee B_n$, wenn $\alpha = \{A_1, \ldots, A_m\}$ und $\beta = \{B_1, \ldots, B_n\}$ ist,

$B_1 \vee \cdots \vee B_n$,            wenn $\alpha$ leer und $\beta = \{B_1, \ldots, B_n\}$ ist,

$A_1 \wedge \cdots \wedge A_m \rightarrow \curlywedge$,      wenn $\alpha = \{A_1, \ldots, A_m\}$ und $\beta$ leer ist,

$\curlywedge$,                    wenn $\alpha$ und $\beta$ leer sind.

Hierbei soll es nicht auf eine Reihenfolge der Formeln in der Menge $\alpha$ und $\beta$ ankommen.

$T(F)$ sei die endliche *Menge aller Teilformeln* einer aussagenlogischen Formel $F$. Diese Formelmenge ist folgendermaßen induktiv definiert:

1. Die Formel $F$ gehört zur Menge $T(F)$.

2. Gehört eine Formel $\neg A$ zu $T(F)$, so gehört auch $A$ zu $T(F)$.

3. Gehört eine Formel $A \wedge B$, $A \vee B$ oder $A \rightarrow B$ zu $T(F)$, so gehören auch die Formeln $A$ und $B$ zu $T(F)$.

Ein geordnetes Paar $(\alpha, \beta)$ von Teilmengen $\alpha, \beta$ der Menge $T(F)$ heiße (intuitionistisch) *konsistent*, wenn die Formel $\alpha \rightarrow \beta$ nicht intuitionistisch herleitbar ist. Offenbar ist dann der Durchschnitt $\alpha \cap \beta$ leer. Das Paar $(\alpha, \beta)$ heiße *F-vollständig*, wenn die Vereinigungsmenge $\alpha \cup \beta$ gleich $T(F)$ ist.

Ein Mengenpaar $(\alpha^*, \beta^*)$ heiße eine *Erweiterung* von $(\alpha, \beta)$ wenn $\alpha \subseteq \alpha^*$ und $\beta \subseteq \beta^*$ ist. Für jede Formel $C$ gilt:

**Lemma 1.** Ist $(\alpha, \beta)$ konsistent, so ist auch $(\alpha \cup \{C\}, \beta)$ oder $(\alpha, \beta \cup \{C\})$ konsistent.

Indirekter Beweis. Sind $(\alpha, \beta \cup \{C\})$ und $(\alpha \cup \{C\}, \beta)$ inkonsistent, so sind die Formeln

$$\alpha \to \beta \cup \{C\} \quad \text{und} \quad \alpha \cup \{C\} \to \beta$$

intuitionistisch herleitbar. Aus diesen beiden Formeln läßt sich in der intuitionistischen Aussagenlogik auf die Formel $\alpha \to \beta$ schließen. Dann ist auch $(\alpha, \beta)$ inkonsistent.

Aus Lemma 1 folgt unmittelbar:

**Lemma 2.** Jedes konsistente Paar $(\alpha, \beta)$ von Teilmengen der Menge $T(F)$ läßt sich zu einem $F$-vollständigen konsistenten Mengenpaar erweitern.

Ist $\alpha \subseteq T(F)$ und $T(F)-\alpha$ die Menge derjenigen Teilformeln von $F$, die nicht zu $\alpha$ gehören, so ist $(\alpha, T(F)-\alpha)$ ein $F$-vollständiges Mengenpaar. $\alpha$ heiße *F-ausgezeichnet*, wenn das $F$-vollständige Mengenpaar $(\alpha, T(F)-\alpha)$ konsistent ist. $U(F)$ sei die Menge aller $F$-ausgezeichneten Teilmengen von $T(F)$.

**Lemma 3.** $U(F)$ ist nicht leer.

Beweis. Für die leere Menge $\emptyset$ gilt: Das Paar $(\emptyset, \emptyset)$ ist konsistent, da die Formel $\bigwedge$ nicht intuitionistisch herleitbar ist. Mit Lemma 2 folgt, daß es ein $F$-vollständiges konsistentes Mengenpaar $(\alpha, \beta)$ gibt. Dieses liefert ein $\alpha \in U(F)$.

Besteht eine Formelmenge $\beta$ nur aus einer Formel $C$, so schreiben wir anstatt $\alpha \to \beta$ oder $\alpha \to \{C\}$ auch $\alpha \to C$.

**Lemma 4.** Eine Formel $C \in T(F)$ gehört genau dann zu einer $F$-ausgezeichneten Menge $\alpha$, wenn die Formel $\alpha \to C$ intuitionistisch herleitbar ist.

Beweis. Für jede Formel $C \in \alpha$ ist trivialerweise die Formel $\alpha \to C$ intuitionistisch herleitbar. Ist $C \notin \alpha$, so ist $C \in T(F)-\alpha$ und, da $(\alpha, T(F)-\alpha)$ konsistent ist, auch $(\alpha, \{C\})$ konsistent. Dann ist $\alpha \to C$ nicht intuitionistisch herleitbar.

Definition des *ausgezeichneten Modells* $(U(F), \subseteq, W)$: Für jede Aussagenvariable $v \in T(F)$ und jede Menge $\alpha \in U(F)$ sei

$$W(v, \alpha) = \begin{cases} w, & \text{wenn} \quad v \in \alpha \text{ ist}, \\ f, & \text{wenn} \quad v \notin \alpha \text{ ist}. \end{cases}$$

Hiermit ist ein Modell für die Formel $F$ gegeben, da die Menge $U(F)$ nicht leer, $\subseteq$ eine reflexive und transitive Relation auf $U(F)$ ist und definitionsgemäß

$$W(v, \alpha) = w, \quad \alpha \subseteq \beta \Rightarrow W(v, \beta) = w$$

gilt. Dieses ausgezeichnete Modell hat folgende Eigenschaft:

**Lemma 5.** Für $C \in T(F)$ und $\alpha \in U(F)$ ist $W(C, \alpha) = w$ genau dann, wenn $C \in \alpha$ ist.

Beweis durch Induktion nach der Länge der Formel $C$.

1. $C$ sei eine Aussagenvariable. Dann gilt die Behauptung nach der Definition des ausgezeichneten Modells.

2. $C$ sei eine Formel $\neg A$. Nach Lemma 4 ist $\neg A \notin \alpha$ genau dann, wenn $\alpha \to \neg A$ nicht intuitionistisch herleitbar ist. Dies ist offenbar genau dann der Fall, wenn die Formel $\alpha \cup \{A\} \to$ nicht intuitionistisch herleitbar also das Paar $(\alpha \cup \{A\}, \emptyset)$ konsistent ist. In diesem (und nur in diesem) Fall gibt es nach Lemma 2 ein $\beta \in U(F)$ mit $\alpha \subseteq \beta$ und $A \in \beta$. Man hat also

$$\neg A \notin \alpha \Leftrightarrow A \in \beta \quad \text{für ein } \beta \in U(F) \text{ mit } \alpha \subseteq \beta$$
$$\Leftrightarrow W(A, \beta) = w \quad \text{für dieses } \beta \text{ (nach Induktionsvoraussetzung)}$$
$$W(\neg A, \alpha) = f \quad \text{(nach der Definition von } W\text{)}.$$

Somit gilt auch $\neg A \in \alpha \Leftrightarrow W(\neg A, \alpha) = w$.

3. $C$ sei eine Formel $A \wedge B$. Dann hat man

$$A \wedge B \in \alpha \Leftrightarrow \alpha \to A \wedge B \quad \text{intuitionistisch herleitbar (nach Lemma 4)}$$
$$\Leftrightarrow \alpha \to A \text{ und } \alpha \to B \quad \text{intuitionistisch herleitbar}$$
$$\Leftrightarrow A \in \alpha \text{ und } B \in \alpha \quad \text{(nach Lemma 4)}$$
$$\Leftrightarrow W(A, \alpha) = W(B, \alpha) = w \quad \text{(nach Induktionsvoraussetzung)}$$
$$\Leftrightarrow W(A \wedge B, \alpha) = w \quad \text{(nach der Definition von } W\text{)}.$$

4. $C$ sei eine Formel $A \vee B$. Dann hat man

$$A \vee B \in \alpha \Leftrightarrow \alpha \to A \cup B \quad \text{intuitionistisch herleitbar (nach Lemma 4)}$$
$$\Leftrightarrow (\alpha, \{A, B\}) \quad \text{inkonsistent}.$$

Dies ist wegen $A, B \in T(F)$ und $\alpha \in U(F)$ genau dann der Fall, wenn $A$ oder $B$ zu $\alpha$ gehört. Es gilt also

$$A \vee B \in \alpha \Leftrightarrow A \in \alpha \text{ oder } B \in \alpha$$
$$\Leftrightarrow W(A, \alpha) = w \text{ oder } W(B, \alpha) = w \text{ (nach Induktionsvoraussetzung)}$$
$$\Leftrightarrow W(A \vee B, \alpha) = w \quad \text{(nach der Definition von } W\text{)}.$$

5. $C$ sei eine Formel $A \rightarrow B$. Dann hat man

$A \rightarrow B \notin \alpha \Leftrightarrow \alpha \rightarrow (A \rightarrow B)$   nicht intuitionistisch herleitbar (nach Lemma 4)

$\Leftrightarrow \alpha \cup \{A\} \rightarrow B$   nicht intuitionistisch herleitbar

$\Leftrightarrow (\alpha \cup \{A\}, \{B\})$   konsistent.

In diesem (und nur in diesem) Fall gibt es nach Lemma 2 ein $\beta \in U(F)$ mit $\alpha \subseteq \beta$, $A \in B$ und $B \notin \beta$. Es gilt also

$A \rightarrow B \notin \alpha \Leftrightarrow A \in \beta$ und $B \notin \beta$ für ein $\beta \in U(F)$ mit $\alpha \subseteq \beta$

$\Leftrightarrow W(A, \beta) = w$ und $W(B, \beta) = f$ für dieses $\beta$ (nach Induktionsvoraussetzung)

$\Leftrightarrow W(A \rightarrow B, \alpha) = f$ (nach der Definition von $W$).

Somit gilt auch $A \rightarrow B \in \alpha \Leftrightarrow W(A \rightarrow B, \alpha) = w$.

**Satz 15.1.** Ist die Formel $F$ nicht intuitionistisch herleitbar, so ist $F$ im ausgezeichneten Modell $(U(F), \subseteq, W)$ ungültig.

Beweis. Wenn $F$ nicht intuitionistisch herleitbar ist, ist das Mengen-paar $(\emptyset, \{F\})$ konsistent. Dann gibt es nach Lemma 2 ein $\alpha \in U(F)$ mit $F \notin \alpha$, und hierfür ist nach Lemma 5 $W(F, \alpha) = f$.

Dieser Satz enthält den *Vollständigkeitssatz*: Ist eine aussagenlogische Formel in jedem endlichen Modell der intuitionistischen Aussagenlogik gültig, so ist sie intuitionistisch herleitbar.

Der Satz 15.1 führt auch zu einem *Entscheidungsverfahren* für die intuitionistische Aussagenlogik, nämlich in folgender Weise:

Unter einer *Modellmenge* für eine aussagenlogische Formel $F$ ver-stehen wir jede Menge von Teilmengen der endlichen Formelmenge $T(F)$. Insbesondere ist $U(F)$ eine solche Modellmenge. $\{M_1, \ldots, M_n\}$ sei die endliche Menge aller Modellmengen für $F$. Wir definieren Modelle $(M_i, \subseteq, W_i)$ $(i = 1, \ldots, n)$ durch die Festsetzung

$$W_i(v, \alpha) = \begin{cases} w, & \text{wenn } v \in \alpha \text{ ist,} \\ f, & \text{wenn } v \notin \alpha \text{ ist,} \end{cases}$$

für jede Aussagenvariable $v$ und jede Menge $\alpha \in M_i$. Eines dieser Modelle ist das ausgezeichnete Modell der Formel $F$. Aus Satz 15.1 und dem Kon-sistenzsatz folgt:

*Die Formel $F$ ist genau dann intuitionistisch herleitbar, wenn sie in jedem Modell $(M_i, \subseteq, W_i)$ gültig ist.*

Hiermit hat man ein Entscheidungsverfahren für die intuitionistische Herleitbarkeit von $F$, da sich die Gültigkeit oder Ungültigkeit von $F$ in den angegebenen endlich vielen Modellen effektiv feststellen läßt.

## *Verallgemeinerung des Vollständigkeitssatzes*

Der Vollständigkeitssatz für die intuitionistische Aussagenlogik läßt sich in folgender Weise auf beliebige (auch unendliche) Formelmengen verallgemeinern.

Ein Paar $(\alpha, \beta)$ von Formelmengen $\alpha, \beta$ heiße *konsistent*, wenn es keine endlichen Teilmengen $\alpha_0 \subseteq \alpha$ und $\beta_0 \subseteq \beta$ gibt, für die die Formel $\alpha_0 \rightarrow \beta_0$ intuitionistisch herleitbar ist. Das Mengenpaar $(\alpha, \beta)$ heiße *interpretierbar*, wenn es ein Modell $(M, R, W)$ und ein $\xi \in M$ gibt mit

$$W(A, \xi) = w \quad \text{für alle } A \in \alpha,$$
$$W(B, \xi) = f \quad \text{für alle } B \in \beta.$$

Aus dem Konsistenzsatz folgt: *Jedes interpretierbare Paar $(\alpha, \beta)$ ist konsistent.* In Verallgemeinerung des Vollständigkeitssatzes gilt auch umgekehrt:

**Satz 15.2.** Jedes konsistente Paar $(\alpha, \beta)$ ist interpretierbar.

Dieser Satz läßt sich folgendermaßen beweisen. Entsprechend wie Lemma 1 beweist man für beliebige Formelmengen $\alpha, \beta$ und für jede Formel $C$:

**Lemma 1′.** Ist $(\alpha, \beta)$ konsistent, so ist auch $(\alpha \cup \{C\}, \beta)$ oder $(\alpha, \beta \cup \{C\})$ konsistent.

Ein Paar $(\alpha, \beta)$ heiße *maximal-konsistent*, wenn es konsistent ist und $\alpha \cup \beta$ die Vereinigung aller Formeln ist, die sich mit den in $\alpha$ und $\beta$ auftretenden Aussagenvariablen bilden lassen. Aus Lemma 1′ folgt:

**Lemma 2′.** Jedes konsistente Paar $(\alpha, \beta)$ läßt sich zu einem maximal-konsistenten Mengenpaar erweitern.

$(\alpha_0, \beta_0)$ sei ein gegebenes konsistentes Mengenpaar, und $(\alpha_1, \beta_1)$ sei eine maximal-konsistente Erweiterung von $(\alpha_0, \beta_0)$. Dann läßt sich eine Menge $M$ von Formelmengen mit folgenden Eigenschaften konstruieren:

1. $\alpha_1 \in M$

2. Für jedes $\alpha \in M$ ist $(\alpha, \bar{\alpha})$ konsistent. ($\bar{\alpha}$ sei die Komplementärmenge von $\alpha$.)

3. Zu jedem $\alpha \in M$ und zu je zwei Formeln $A, B$, für die das Paar $(\alpha \cup \{A\}, \{B\})$ konsistent ist, gibt es ein $\beta \in M$ mit $\alpha \subseteq \beta$, $A \in \beta$ und $B \notin \beta$.

Ein Modell $(M, \subseteq, W)$ wird nun so definiert, daß für jede Aussagenvariable $v$ und jedes $\alpha \in M$ genau dann $W(v, \alpha) = w$ ist, wenn $v \in \alpha$ ist. Für dieses Modell beweist man entsprechend wie Lemma 5:

*Für jede Formel C und jedes $\alpha \in M$ gilt $W(C, \alpha) = w$ genau dann, wenn $C \in \alpha$ ist.*

Es folgt $W(A, \alpha_i) = w$ für alle $A \in \alpha_0$ und $W(B, \alpha_i) = f$ für alle $B \in \beta_0$. Hiermit ist der Satz 15.2 bewiesen.

Aus dem Konsistenzsatz und dem Satz 15.2 folgt:

**Satz 15.3.** (*Kompaktheitssatz*) Ist $(\alpha_0, \beta_0)$ für alle endlichen Teilmengen $\alpha_0 \subseteq \alpha$ und $\beta_0 \subseteq \beta$ interpretierbar, so ist $(\alpha, \beta)$ interpretierbar.

## § 16. Intuitionistische Gültigkeit und Erfüllbarkeit

Wir beziehen uns im folgenden auf die Herleitbarkeit in der *intuitionistischen Prädikatenlogik* und auf die in § 14 definierten Modelle dieser Logik. Nach § 14 heißt eine Formel $F$ *gültig* in einem Modell $(M, R, V, W)$, wenn das Modell für $F$ zulässig ist und $W(F, \alpha) = w$ für alle $\alpha \in M$ gilt. Eine Formel heißt *allgemeingültig*, wenn sie in jedem zulässigen Modell gültig ist.

Wir definieren nun: Eine Formel $F$ heißt *erfüllbar* in einem Modell $(M, R, V, W)$, wenn das Modell für $F$ zulässig ist und es $\alpha_0 \in M$ mit $W(F, \alpha_0) = w$ gibt. Eine Formel heißt *erfüllbar*, wenn es ein Modell gibt, in dem sie erfüllbar ist.

**Satz 16.1.** Eine Formel $F$ ist genau dann erfüllbar, wenn die Formel $\neg F$ nicht herleitbar ist.

Beweis.

1. $\neg F$ sei nicht herleitbar. Nach dem Vollständigkeitssatz gibt es dann ein zulässiges Modell $(M, R, V, W)$ mit einem $\alpha \in M$, so daß $W(\neg F, \alpha) = f$ ist. Dann gibt es $\beta \in M$ mit $\alpha R \beta$, so daß $W(F, \beta) = w$ ist. Folglich ist $F$ erfüllbar.

2. $F$ sei erfüllbar. Dann gibt es ein zulässiges Modell $(M, R, V, W)$ mit einem $\alpha \in M$, so daß $W(F, \alpha) = w$ ist. Es folgt $W(\neg F, \alpha) = f$. Somit ist $\neg F$ nicht allgemeingültig, also nicht herleitbar.

**Satz 16.2.** Für jede erfüllbare Formel $F$ gibt es ein Modell, in dem $F$ gültig ist.

Beweis. $F$ sei in einem Modell $(M, R, V, W)$ erfüllbar. Dann gibt es $\alpha_0 \in M$ mit $W(F, \alpha_0) = w$. $M_0$ sei die Menge derjenigen $\beta \in M$, für die $\alpha_0 R \beta$ gilt. Die Beschränkung $(M_0, R_0, V_0, W_0)$ von $(M, R, V, W)$ auf $M_0$ ist eine Restbeschränkung. Nach den Sätzen 14.1 und 14.2 ist die Formel $F$ in dem Modell $(M_0, R_0, V_0, W_0)$ gültig.

In der intuitionistischen Prädikatenlogik hat man zwischen der Erfüllbarkeit und der Allgemeingültigkeit einen weiteren semantischen Grundbegriff. Wir definieren:

Eine Formel $F$ heiße *allgemein-erfüllbar*, wenn sie in *jedem* für $F$ zulässigen Modell *erfüllbar* ist.

**Satz 16.3.** Eine Formel $F$ ist genau dann allgemein-erfüllbar, wenn die Formel $\neg\neg F$ herleitbar ist.

Beweis.

1. $\neg\neg F$ sei nicht herleitbar. Nach den Sätzen 16.1 und 16.2 gibt es dann ein Modell, in dem $\neg F$ gültig ist. In diesem für $F$ zulässigen Modell ist $F$ nicht erfüllbar. Folglich ist $F$ nicht allgemein-erfüllbar.

2. $F$ sei nicht allgemein-erfüllbar. Dann gibt es ein für $F$ zulässiges Modell, in dem $F$ nicht erfüllbar ist. In diesem Modell ist $\neg F$ gültig und $\neg\neg F$ nicht erfüllbar. Somit ist $\neg\neg F$ nicht allgemeingültig, also nicht herleitbar.

**Satz 16.4.** Jede allgemein-erfüllbare Formel der Gestalt $\neg F$ ist allgemeingültig.

Beweis. Ist $\neg F$ allgemein-erfüllbar, so ist nach Satz 16.3 die Formel $\neg\neg\neg F$ herleitbar. Dann ist auch $\neg F$ herleitbar, also allgemeingültig.

Wir betrachten nun folgende *Endlichkeitseigenschaften*: Ein Modell $(M, R, V, W)$ heiße *endlich*, wenn $M$ eine endliche Menge ist. Eine Formel heiße *endlich erfüllbar*, wenn sie in einem endlichen Modell erfüllbar ist. Eine Formel heiße *endlich allgemein-erfüllbar* (oder *endlich allgemeingültig*), wenn sie in jedem zulässigen endlichen Modell erfüllbar (bzw. gültig) ist.

Ein Zusammenhang zwischen diesen semantischen Begriffen und den entsprechenden Begriffen der klassischen Prädikatenlogik ergibt sich mit den folgenden Lemmata. Wir sagen, daß ein $\beta \in M$ ein *letztes Element* eines Modelles $(M, R, V, W)$ ist, wenn für alle $\alpha \in M$ mit $\beta R\alpha$ auch $\alpha R\beta$ gilt.

**Lemma 1.** In einem endlichen Modell $(M, R, V, W)$ gibt es zu jedem $\alpha \in M$ ein letztes Element $\beta$ met $\alpha R\beta$.

Beweis durch Induktion nach der Anzahl der Elemente von $M$. Ist $\alpha$ nicht selbst ein letztes Element, so gibt es $\gamma \in M$, so daß $\alpha R\gamma$, aber nicht $\gamma R\alpha$ gilt. Dann ist $\alpha \neq \gamma$, und es gibt nach der Induktionsvoraussetzung ein letztes Element $\beta$ in $M$-$\{\alpha\}$ mit $\gamma R\beta$. Dieses $\beta$ ist ein letztes Element von $M$ mit $\alpha R\beta$.

**Lemma 2.** Ist $(M, R, V, W)$ ein Modell mit einem letzten Element $\alpha$ und $W^*(A) = W(A, \alpha)$ für jede Formel $A$, so ist durch $W^*$ ein Modell der klassischen Prädikatenlogik mit dem Individuenbereich $V(\alpha)$ gegeben.

Der Beweis hierfür ist trivial.

**Satz 16.5.** Eine Formel $F$ ist genau dann endlich erfüllbar, wenn sie in der klassischen Prädikatenlogik erfüllbar ist.

Beweis.

1. $F$ sei in einem klassischen Modell mit dem Individuenbereich $B$ erfüllbar. Durch das klassische Modell ist ein für $F$ zulässiges Modell $(\{o\}, R, V, W)$ mit $V(o) = B$ und $W(F, o) = w$ gegeben. Somit ist $F$ endlich erfüllbar.

2. $F$ sei in einem endlichen Modell $(M, R, V, W)$ erfüllbar. Dann gibt es $\alpha \in M$ mit $W(F, \alpha) = w$. Nach Lemma 1 hat das Modell ein letztes Element $\beta$ mit $\alpha R \beta$. Nach Satz 14.1 ist auch $W(F, \beta) = w$. Mit Lemma 2 folgt, daß $F$ in der klassischen Prädikatenlogik erfüllbar ist.

**Satz 16.6.** Eine Formel $F$ ist genau dann endlich allgemein-erfüllbar, wenn sie in der klassischen Prädikatenlogik allgemeingültig ist.

Beweis.

1. $F$ sei endlich allgemein-erfüllbar. Dann hat $F$ insbesondere in jedem Modell der klassischen Prädikatenlogik den Wert $w$. Somit ist $F$ klassisch allgemeingültig.

2. $F$ sei klassisch allgemeingültig. $(M, R, V, W)$ sei ein für $F$ zulässiges Modell. Nach Lemma 1 hat dieses Modell ein letztes Element $\alpha$. Mit Lemma 2 folgt $W(F, \alpha) = w$. Somit ist $F$ endlich allgemein-erfüllbar.

**Beispiele.** Im folgenden sei $v$ eine Aussagenvariable und $p$ eine einstellige Prädikatenvariable.

1. Die Formel

$$(1) \qquad\qquad v \vee \neg v$$

ist *allgemein-erfüllbar*, aber *nicht endlich allgemeingültig*.

Beweis.

1.1. $(M, R, V, W)$ sei ein beliebiges Modell. Angenommen, es sei $W(v \vee \neg v, \alpha) = f$ für ein $\alpha \in M$. Dann ist $W(\neg v, \alpha) = f$, und es gibt

$\beta \in M$ mit $\alpha R\beta$, so daß $W(v, \beta) = w$ ist. Es folgt $W(v \vee \neg v, \beta) = w$. Die Formel (1) ist also allgemein-erfüllbar.

1.2. $(I, W)$ sei ein Baum-Modell mit $I = \{o, 1\}$, $W(v, o) = f$ und $W(v, 1) = w$. Dann ist $W(\neg v, o) = f$ und $W(v \vee \neg v, o) = f$. Die Formel (1) ist also nicht endlich allgemeingültig.

2. Die Formel

$$(2) \qquad \wedge x \neg \neg (px) \rightarrow \neg \neg \wedge x(px)$$

ist *endlich allgemeingültig*, aber *nicht allgemein-erfüllbar*.

Beweis.

2.1. $(M, R, V, W)$ sei ein endliches Modell. Angenommen, für ein $\alpha \in M$ sei $W(\wedge x \neg \neg(px) \rightarrow \neg \neg \wedge x(px), \alpha) = f$. Dann gibt es $\beta \in M$ mit $\alpha R\beta$, so daß $W(\wedge x \neg \neg(px), \beta) = w$ und $W(\neg \neg \wedge x(px), \beta) = f$ ist. Folglich gibt es $\gamma \in M$ mit $\beta R\gamma$, so daß $W(\neg \wedge x(px), \gamma) = w$ ist. Nach Lemma 1 hat das Modell ein letztes Element $\delta$ mit $\gamma R\delta$. Hierfür ist $W(\wedge x(px), \delta) = f$ und $W(\wedge x \neg \neg(px), \delta) = w$ (wegen $\beta R\delta$), was Lemma 2 widerspricht. Die Formel (2) ist also endlich allgemeingültig.

2.2. $N$ sei die Menge der natürlichen Zahlen. Für $n \in N$ sei $V(n)$ die Menge der natürlichen Zahlen $\leq n$ und $W(p, n)$ die Menge der natürlichen Zahlen $< n$. Dann ist $W(p, n) \subset V(n)$, und für $m < n$ ist $V(m) \subset V(n)$ und $W(p, m) \subset W(p, n)$. Somit ist $(N, \leq, V, W)$ ein Modell. Für $i, k, m, n \in N$ mit $i \leq m \leq n$ und $k \in V(m)$ ist $k \in W(p, n+1)$, also $W(pk, n+1) = w$. Es folgt $W(\neg(pk), n) = f$. Da dies für alle $n \geq m$ gilt, folgt $W(\neg \neg(pk), m) = w$. Da dies für alle $m \geq i$ und $k \in V(m)$ gilt, folgt $W(\wedge x \neg \neg(px), i) = w$. Für alle $i \leq k$ gilt $k \notin W(p, k)$, also $W(pk, k) = f$. Da $k \in V(k)$ ist, folgt $W(\wedge x(px), k) = f$. Da dies für alle $k \geq i$ gilt, folgt $W(\neg \wedge x(px), i) = w$. Hieraus folgt $W(\neg \neg \wedge x(px), i) = f$. Mit $W(\wedge x \neg \neg(px), i) = w$ folgt $W(\wedge x \neg \neg(px) \rightarrow \neg \neg \wedge x(px), i) = f$ für alle $i \in N$. Die Formel (2) ist also nicht allgemein-erfüllbar.

3. A sei die Formel (2). Dann ist die Formel

$$(3) \qquad A \vee \neg A$$

*allgemein-erfüllbar* und *endlich allgemeingültig*, aber *nicht allgemeingültig*.

Beweis.

3.1. Ebenso wie in 1.1 ergibt sich, daß die Formel (3) allgemein-erfüllbar ist.

**3.2.** Da die Formel $A$ nach 2.1 endlich allgemeingültig ist, ist auch die Formel (3) endlich allgemeingültig.

**3.3.** $N$ sei die Menge der natürlichen Zahlen und $M=\{o, *\} \cup N$. Für $\alpha, \beta \in M$ gelte $\alpha R \beta$ genau dann, wenn entweder $\alpha=o$ oder $\alpha=\beta=*$ oder $\alpha, \beta \in N$ mit $\alpha \leq \beta$ ist. Ein Modell $(M, R, V, W)$ sei so definiert, daß $W(A, n)$ für $n \in N$ wie im Modell $(N, \leq, V, W)$ von 2.2 bestimmt ist. Dann ist $W(A, o)=f$. Da $A$ klassisch allgemeingültig und $*$ ein letztes Element des Modelles $(M, R, V, W)$ ist, ist nach Lemma 2 $W(A, *)=w$. Es folgt $W(\neg A, o)=f$ und $W(A \vee \neg A, o)=f$. Die Formel (3) ist also nicht allgemeingültig.

**4.** Die Formel

$$(4) \qquad\qquad \bigwedge x(px) \vee \bigvee x \neg (px)$$

ist *endlich allgemein-erfüllbar*, aber *weder endlich allgemeingültig noch allgemein erfüllbar.*

Beweis.

**4.1.** $(M, R, V, W)$ sei ein endliches Modell. Nach Lemma 1 hat es ein letztes Element $\alpha$. Da die Formel (4) klassisch allgemeingültig ist, folgt nach Lemma 2 $W(\bigwedge x (px) \vee \bigvee x \neg (px), \alpha)=w$. Die Formel (4) ist also endlich allgemein-erfüllbar.

**4.2.** $(I, V, W)$ sei ein Baum-Modell mit $I=\{o, 1\}$, $V(o)=\{a\}$, $V(1)=\{a, b\}$ und $W(p, 0)=\{a\}$. Dann ist $W(pa, o)=W(pa, 1)=w$, also $W(\neg(pa), o)=f$. Da $V(o)=\{a\}$ ist, folgt $W(\bigvee x \neg (px), o)=f$. Es ist $W(pb, 1)=f$. Da $b \in V(1)$ ist, folgt $W(\bigwedge x(px), o)=f$. Hiermit ergibt sich $W(\bigwedge x(px) \vee \bigvee x \neg (px), o)=f$.

Die Formel (4) ist also nicht endlich allgemeingültig.

**4.3.** $(N, \leq, V, W)$ sei das in 2.2 angegebene Modell. Für alle $k \in V(i)$ ist $k \in W(p, i+1)$, also $W(pk, i+1)=w$ und $W(\neg(pk), i)=f$. Da dies für alle $k \in V(i)$ gilt, folgt $W(\bigvee x \neg (px), i)=f$. Es ist $i \notin W(p, i)$, also $W(pi, i)=f$. Da $i \in V(i)$ ist, folgt $W(\bigwedge x(px), i)=f$. Hiermit ergibt sich $W(\bigwedge x(px) \vee \bigvee x \neg (px), i)=f$ für alle $i \in N$. Die Formel (4) ist also nicht allgemein-erfüllbar.

**5.** Die Formel

$$(5) \qquad\qquad \neg \bigwedge x(px) \wedge \neg \bigvee x \neg (px)$$

ist *erfüllbar*, aber *nicht endlich erfüllbar.*

Beweis.

5.1. $(N, \leqq, V, W)$ sei das in 2.2 angegebene Modell. Für $i \in N$ ist nach 4.3 $W(\wedge x(px), i) = f$ und $W(\vee x \neg (px), i) = f$. Es folgt $W(\neg \wedge x(px) \wedge \neg \vee x \neg (px), i) = w$. Die Formel (5) ist also erfüllbar.

5.2. Die Formel (5) ist nicht in der klassischen Prädikatenlogik erfüllbar, also nach Satz 16.5 nicht endlich erfüllbar.

**Zusammenfassung.** Durch die semantischen Grundbegriffe sind folgende Klassen von Formeln definiert:

I.  Allgemeingültige Formeln,
IIa. Endlich allgemeingültige Formeln,
IIb. Allgemein-erfüllbare Formeln,
III. Endlich allgemein-erfüllbare (klassisch allgemeingültige) Formeln.
IV. Endlich erfüllbare (klassisch erfüllbare) Formeln,
V.  Erfüllbare Formeln.

Von den Klassen IIa und IIb ist keine in der anderen enthalten, wie die Beispiele (1) und (2) zeigen. Im übrigen ist jede Formelklasse in der darauf folgenden Formelklasse echt enthalten. Das Beispiel (3) gibt eine Formel an, die zugleich zu den Klassen IIa und IIb, aber nicht zu I gehört, das Beispiel (4) eine Formel der Klasse III, die weder zu IIa noch zu IIb gehört, und das Beispiel (5) eine Formel der Klasse V, die nicht zu IV gehört. Die Formel $v$ bildet ein triviales Beispiel für eine Formel der Klasse IV, die nicht zu III gehört.

**Syntaktische Charakterisierung.** Die Formelklassen I, IIb und III–V sind nach den Sätzen 14.3, 16.1, 16.3, 16.5 und 16.6 folgendermaßen syntaktisch charakterisiert. Eine Formel $F$ gehört genau dann zu einer dieser Formelklassen, wenn folgendes gilt:

I.   $F$ ist intuitionistisch herleitbar,
IIb. $\neg \neg F$ ist intuitionistisch herleitbar,
III. $F$ ist klassisch herleitbar,
IV.  $\neg F$ ist nicht klassisch herleitbar,
V.   $\neg F$ ist nicht intuitionistisch herleitbar.

**Sonderfall der Aussagenlogik.** Aus Satz 15.2 folgt: Eine aussagenlogische Formel ist genau dann allgemeingültig (allgemein-erfüllbar oder erfüllbar), wenn sie endlich allgemeingültig (endlich allgemein-erfüllbar oder endlich erfüllbar) ist. Für die Aussagenlogik fallen also die Formel-klassen folgendermaßen zusammen:

I, IIa:   Allgemeingültige Formeln,
IIb, III: Allgemein-erfüllbare (klassisch allgemeingültige) Formeln,
IV, V:   Erfüllbare (zugleich klassisch erfüllbare) Formeln.

# VI. Semantik der intuitionistischen Prädikatenlogik nach Beth

## § 17. Beth-Modelle

Wir definieren in diesem Paragraphen Modelle nach E. W. Beth, mit denen die intuitionistische Prädikatenlogik in einer anderen Weise semantisch charakterisiert wird als durch die nach S. A. Kripke definierten Modelle des V. Kapitels.

1. $M$ sei ein Indexbaum (vgl. § 8). Für endliche Zahlenfolgen gebrauchen wir dieselben Bezeichnungen wie in § 8. Eine *Kette* $K \subseteq M$ ist eine maximale total geordnete Teilmenge von $M$, d.h. eine Teilmenge von $M$ mit folgenden Eigenschaften:

1.1. $o \in K$

1.2. Ist $\alpha \in K$ und $\alpha$ kein Endpunkt von $M$, so gibt es ein $(\alpha, n) \in K$.

1.3. Gehören $\alpha$ und $\beta$ zu $K$, so ist $\alpha \leqslant \beta$ oder $\beta \leqslant \alpha$.

2. $N$ sei eine nichtleere Menge. Ein *N-Ausdruck* ist eine Zeichenreihe, die aus einer Formel (der intuitionistischen Prädikatenlogik) entsteht, wenn jede darin auftretende freie Objektvariable durch den Namen eines Elementes aus $N$ ersetzt wird. Ein *N-Primausdruck* ist eine Zeichenreihe, die in dieser Weise aus einer Primformel entsteht.

3. Ein *Beth-Modell* $(M, N, W)$ besteht aus einem Indexbaum $M$, einer nichtleeren Menge $N$ (dem Individuenbereich des Modells) und einer Funktion $W$, die folgende Zuordnungen herstellt:

3.1. Jeder freien Objektvariablen $a$ wird ein Element $W(a)$ aus $N$ zugeordnet.

3.2. Jedem $N$-Primausdruck $P$ wird zu jedem $\alpha \in M$ ein Wahrheitswert $W(P, \alpha)$ so zugeordnet, daß folgendes gilt: Ist $W(P, \alpha) = f$, so gibt es eine Kette $K \subseteq M$ mit $\alpha \in K$ und $W(P, \kappa) = f$ für alle $\kappa \in K$.

4. Durch ein Beth-Modell $(M, N, W)$ wird jedem $N$-Ausdruck $F$ zu jedem $\alpha \in M$ ein Wahrheitswert $W(F, \alpha)$ zugeordnet. Für jeden $N$-Primausdruck $P$ ist $W(P, \alpha)$ durch das Modell gegeben. Die Wahrheitswerte $w$ oder $f$ der zusammengesetzten $N$-Ausdrücke werden folgendermaßen induktiv definiert.

4.1. $W(A \wedge B, \alpha) = f$ genau dann, wenn $W(A, \alpha) = f$ oder $W(B, \alpha) = f$ ist.

**4.2.** $W(\wedge x \mathfrak{A}(x), \alpha) = f$ genau dann, wenn es $\xi \in N$ mit $W(\mathfrak{A}(\xi), \alpha) = f$ gibt.

**4.3.** $W(A \to B, \alpha) = f$ genau dann, wenn es $\beta \in M$ mit $\alpha \leqslant \beta$, $W(A, \beta) = w$ und $W(B, \beta) = f$ gibt.

**4.4.** $W(\neg A, \alpha) = f$ genau dann, wenn es $\beta \in M$ mit $\alpha \leqslant \beta$ und $W(A, \beta) = w$ gibt.

**4.5.** $W(A \vee B, \alpha) = f$ genau dann, wenn es eine Kette $K \subseteq M$ mit $\alpha \in K$ und $W(A, \kappa) = W(B, \kappa) = f$ für alle $\kappa \in K$ gibt.

**4.6.** $W(\vee x \mathfrak{A}(x), \alpha) = f$ genau dann, wenn es eine Kette $K \subseteq M$ mit $\alpha \in K$ und $W(\mathfrak{A}(\xi), \kappa) = f$ für alle $\xi \in N$ und $\kappa \in K$ gibt.

Durch ein Beth-Modell $(M, N, W)$ wird jeder Formel $F$ zu jedem $\alpha \in M$ folgendermaßen ein Wahrheitswert $W(F, \alpha)$ zugeordnet. $F'$ sei der $N$-Ausdruck, der sich aus der Formel $F$ ergibt, wenn jede darin auftretende freie Objektvariable $a$ durch den Namen des Elementes $W(a)$ aus $N$ ersetzt wird. Wir definieren dann $W(F, \alpha) = W(F', \alpha)$.

Aufgrund dieser Definitionen beweist man durch Induktion nach der Länge der Formel $F$:

**Satz 17.1.** Ist $W(F, \alpha) = f$ für eine Formel $F$, so gibt es eine Kette $K \subseteq M$ mit $\alpha \in K$ und $W(F, \kappa) = f$ für alle $\kappa \in K$.

**Satz 17.2.** Ist $W(F, \alpha) = w$ für eine Formel $F$ und $\alpha \leqslant \beta \in M$, so ist auch $W(F, \beta) = w$.

Eine Formel $F$ heißt *gültig* in einem Beth-Modell $(M, N, W)$, wenn $W(F, \alpha) = w$ für alle $\alpha \in M$ gilt. Dies ist genau dann der Fall, wenn $W(F, o) = w$ ist.

**Satz 17.3.** (*Konsistenzsatz für Beth-Modelle*). Jede in der intuitionistischen Prädikatenlogik herleitbare Formel ist in jedem Beth-Modell gültig.

Beweis. Wir beziehen uns auf das formale System $IL$ des § 11. Eine Sequenz $\Sigma$ heiße *ungültig* in einem Beth-Modell $(M, N, W)$, wenn es eine Kette $K \subseteq M$ gibt, so daß es zu jeder Antezedensformel $A$ von $\Sigma$ ein $\alpha \in K$ mit $W(A, \alpha) = w$ gibt und $W(B, \kappa) = f$ für jede Sukzedensformel $B$ von $\Sigma$ und alle $\kappa \in K$ gilt. Man beweist leicht:

1) Kein Axiom des formalen Systems $IL$ ist in einem Beth-Modell ungültig.

2) Ist die Konklusion eines Grundschlusses des Systems $IL$ in einem Beth-Modell ungültig, so gibt es ein Beth-Modell, in dem eine Prämisse dieses Grundschlusses ungültig ist.

Durch Herleitungsinduktion folgt, daß keine herleitbare Sequenz in einem Beth-Modell ungültig ist. Ist $F$ eine herleitbare Formel (d.h. ist $\vdash F$ eine herleitbare Sequenz), so gibt es also in einem Beth-Modell $(M, N, W)$ keine Kette $K \subseteq M$ mit $W(F, k) = f$ für alle $k \in K$. Mit Satz 17.1 folgt, daß eine herleitbare Formel $F$ in jedem Beth-Modell gültig ist.

### Bedeutungsunterschiede zwischen Beth-Modellen und Kripke-Modellen

Die in § 14 nach KRIPKE definierten Modelle $(M, R, V, W)$ und die Beth-Modelle $(M, N, W)$ können folgendermaßen interpretiert werden: $M$ ist eine Menge von Situationen, für die eine Relation möglicher Situationsübergänge vorliegt. $\alpha \leqslant \beta$ (oder allgemeiner $\alpha R \beta$) bedeutet, daß die Situation $\alpha$ in die Situation $\beta$ übergehen kann. $W(F, \alpha) = w$ besagt, daß $F$ bei der Situation $\alpha$ als wahr erwiesen ist. Die Wahrheit von $F$ bleibt dann bei allen Situationen, in die $\alpha$ übergehen kann, bestehen. $W(F, \alpha) = f$ bedeutet dagegen nur, daß $F$ bei der Situation $\alpha$ nicht (oder noch nicht) als wahr erwiesen ist. Dabei kann $\alpha$ sowohl in Situationen übergehen, bei denen diese Unbestimmtheit von $F$ bestehen bleibt, als auch in Situationen, bei denen $F$ wahr wird. Hierbei besteht aber ein grundsätzlicher Unterschied zwischen den Kripke-Modellen und den Beth-Modellen. Eine Kette $K$ eines Situationsbaumes $M$ stellt einen möglichen Situationsverlauf dar, der entweder unendlich fortläuft oder zu einer Endsituation führt. In einem Beth-Modell gilt $W(F, \alpha) = f$ nur dann, wenn es eine Kette $K$ mit $\alpha \in K$ und $W(F, k) = f$ für alle $k \in K$ gibt, das heißt, wenn es einen durch die Situation $\alpha$ hindurchführenden Situationsverlauf gibt, bei dem $F$ niemals wahr wird. In einem Kripke-Modell kann jedoch $F$ bei einer Situation $\alpha$ den Wert $f$ haben und bei jedem durch $\alpha$ hindurchführenden Situationsverlauf einmal wahr werden. Diese Unterschiede in der Bedeutung des Wahrheitswertes $f$ können folgendermaßen interpretiert werden:

In einem Beth-Modell ist eine Situation, die keine Endsituation ist, als vergänglich aufzufassen. Jede Situation, für die in dem Beth-Modell mögliche Nachfolgesituationen vorliegen, hat nach einer gewissen Zeitspanne in eine dieser möglichen Nachfolgesituationen überzugehen, so daß im Verlauf der Zeit eine Situationskette durchlaufen wird. $W(F, \alpha) = f$ bedeutet dann, daß $F$ möglicherweise niemals als wahr erwiesen wird, da ein entsprechender Situationsverlauf durch $\alpha$ hindurch möglich ist. Im Unterschied hierzu hat man in einem Kripke-Modell die Möglichkeit zuzulassen, daß eine Situation auch dann, wenn sie mögliche Nachfolgesituationen im Modell hat, in keine andere Situation übergeht, sondern für alle Zeiten bestehen bleibt. Nach dieser Auffassung kann $W(F, \alpha) = f$ auch für KRIPKE-Modelle so interpretiert werden, daß $F$ möglicherweise niemals als wahr erwiesen wird.

Ein weiterer Unterschied zwischen den Kripke-Modellen und den Beth-Modellen besteht in der Art ihrer Individuenbereiche. Ein Beth-Modell $(M, N, W)$ bezieht sich für alle Situationen auf denselben Individuenbereich $N$. Bei einem Kripke-Modell ist dagegen jeder Situation $\alpha$ ein besonderer Individuenbereich $V(\alpha)$ zugeordnet. $V(\alpha)$ ist als die Menge derjenigen Objekte aufzufassen, die bei der Situation $\alpha$ bekannt sind. Diese Menge kann nicht abnehmen, wohl aber zunehmen, wenn $\alpha$ in eine andere Situation übergeht.

Die einfachere Struktur, die ein Beth-Modell hinsichtlich der Individuenbereiche hat, wird im allgemeinen durch eine kompliziertere Struktur der Situationsmenge $M$ erkauft. Um die Allgemeingültigkeit einer Formel zu widerlegen, kommt man nämlich bei den Kripke-Modellen meistens mit wesentlich einfacheren Situationsmengen aus als bei den Beth-Modellen. So erweist sich z.B. die Formel $v \vee \neg v$ bereits in einem sehr einfachen Kripke-Modell, das nur zwei Situationen enthält, als ungültig, während ein entsprechendes Beth-Modell eine Menge von unendlich vielen Situationen erfordert.

Ein weiterer Vorzug der Kripke-Modelle besteht darin, daß die induktive Definition der Wahrheitswerte hier einfacher als für Beth-Modelle ist. Schließlich ist hervorzuheben, daß sich der Vollständigkeitssatz für Kripke-Modelle nach den §§ 9 und 10 im unmittelbaren Zusammenhang mit dem syntaktischen Herleitbarkeitsbegriff ergibt.

Bezüglich des Umfanges der Situationsmengen und der Art ihrer Nachfolgerelationen besteht jedoch kein grundsätzlicher Unterschied zwischen den verschiedenen Modellarten. Die Beth-Modelle $(M, N, W)$ wurden in diesem Paragraphen der Einfachheit halber nur für Indexbäume $M$ erklärt. Sie lassen sich ebenso wie die Kripke-Modelle auch für eine beliebige Situationsmenge $M$ mit einer beliebigen reflexiven und transitiven Relation $R$ definieren.

## § 18. Umformung eines Baum-Modelles in ein Beth-Modell

Wir geben ein allgemeines Verfahren an, durch das ein Baum-Modell $(M, V, W)$ der Kripke-Semantik (vgl. § 14) in ein entsprechendes Beth-Modell $(M', N, W')$ umgeformt wird, so daß jede in dem Baum-Modell ungültige Formel auch in dem entsprechenden Beth-Modell ungültig ist.

Hiermit ergibt sich der Vollständigkeitssatz für Beth-Modelle aus dem entsprechenden Satz 14.6 für Baum-Modelle.

Im folgenden bezeichnen $\alpha$, $\beta$, $\gamma$, $\delta$ endliche Zahlenfolgen (einschließlich der leeren Folge $o$). Zur Definition des Beth-Modells $(M', N, W')$ gebrauchen wir folgende Definitionen und Lemmata.

1. Induktive Definition der *Länge* $l\alpha$ von $\alpha$.

1.1. $lo=0$

1.2. $l(\alpha, n)=l\alpha+1$

2. Induktive Definition der *Zahlenfolge* $\alpha^n$

2.1. $\alpha^0=o$

2.2. Ist $1\leq n\leq l\alpha$ und $\alpha=\langle k_1,...,k_m\rangle$, so sei $\alpha^n=\langle k_1,...,k_n\rangle$.

2.3. Ist $l\alpha\leq n$, so sei $\alpha^{n+1}=(\alpha^n, 1)$.

**Lemma 1.**

(1) $l\alpha^n=n$

(2) $m\leq n\Rightarrow\alpha^m\leqslant\alpha^n$

(3) $\alpha^{l\alpha}=\alpha$

(4) $l\alpha\leq n\Rightarrow\alpha\leqslant\alpha^n$

(5) $n\leq l\alpha,\ \ \alpha\leqslant\beta\Rightarrow\alpha^n=\beta^n$

Beweis. Dies ergibt sich unmittelbar aus der Definition von $\alpha^n$.

3. Induktive Definition der *Funktion* $\varphi$.

3.1. $\varphi o=o$

3.2. $\varphi(\alpha, 1)=\varphi\alpha$

3.3. $\varphi(\alpha, n+1)=(\varphi\alpha, n)$

**Lemma 2.** $\alpha\leqslant\beta\Rightarrow\varphi\alpha\leqslant\varphi\beta$

Beweis durch Induktion nach $l\beta$. Für $\alpha=\beta$ ist die Behauptung trivial. Ist $\alpha\prec\beta$, so hat man $\beta=(\gamma, n)$ mit $\alpha\leqslant\gamma$. Nach der Induktionsvoraussetzung ist $\varphi\alpha\leqslant\varphi\gamma$, und nach 3.2 und 3.3 ist $\varphi\beta=\varphi\gamma$ oder $\varphi\beta=(\varphi\gamma, n-1)$, also in jedem Fall $\varphi\gamma\leqslant\varphi\beta$. Folglich ist $\varphi\alpha\leqslant\varphi\beta$.

**Lemma 3.** Ist $\varphi\alpha\leqslant\gamma$, so gibt es $\beta$ mit $\alpha\leqslant\beta$ und $\varphi\beta=\gamma$.

Beweis durch Induktion nach $l\gamma$. Ist $\varphi\alpha=\gamma$, so ist die Behauptung mit $\beta=\alpha$ erfüllt. Ist $\varphi\alpha\prec\gamma$, so hat man $\gamma=(\gamma_1, n)$ mit $\varphi\alpha\leqslant\gamma_1$. Nach der Induktionsvoraussetzung gibt es dann $\beta_1$ mit $\alpha\leqslant\beta_1$ und $\varphi\beta_1=\gamma_1$. Für $\beta=(\beta_1, n+1)$ folgt $\alpha\prec\beta$ und $\varphi\beta=(\varphi\beta_1, n)=\gamma$.

**Lemma 4.** $l\alpha\leq n\Rightarrow\varphi(\alpha^n)=\varphi\alpha$.

Beweis durch Induktion nach $n$. Für $n=l\alpha$ ist $\alpha^n=\alpha$, also $\varphi(\alpha^n)=\varphi\alpha$.

Für $n > l\alpha$ ist $\alpha^n = (\alpha^{n-1}, 1)$ und nach Induktionsvoraussetzung $\varphi(\alpha^{n-1}) = \varphi\alpha$, also $\varphi(\alpha^n) = \varphi(\alpha^{n-1}) = \varphi\alpha$.

**Lemma 5.** $\varphi(\alpha^n) \preccurlyeq \varphi\alpha$

Beweis. Für $n < l\alpha$ ist $\alpha^n \prec \alpha$, also nach Lemma 2 $\varphi(\alpha^n) \preccurlyeq \varphi\alpha$. Für $n \geq l\alpha$ ist nach Lemma 4 $\varphi(\alpha^n) = \varphi\alpha$.

Voraussetzungen

$M$ sei ein Indexbaum, $(M, V, W)$ ein Baum-Modell.

Mit $N$ bezeichnen wir die Menge aller natürlichen Zahlen. $h$ sei eine umkehrbare Abbildung von der Menge $N \times N$ aller Zahlenpaare auf die Menge $N$ mit den Umkehrabbildungen $f$ und $g$, so daß für alle $m, n \in N$ gilt:

$$f(hmn) = m, \quad g(hmn) = n \quad h(fn)(gn) = n.$$

4. Definitionen von $M'$, $K(\alpha)$, $\vartheta$ und $\Theta$

4.1. $M' = \{\alpha : \varphi\alpha \in M\}$

4.2. $K(\alpha) = \{\alpha^n : n \in N\}$

4.3. Für $\alpha \in M'$ sei $\vartheta\alpha$ eine Abbildung von $N$ *auf* $V(\varphi\alpha)$, also $\{\vartheta\alpha n : n \in N\} = V(\varphi\alpha)$.

4.4. Für $\alpha \in M'$ und $n \in N$ sei $\Theta\alpha n = \vartheta\alpha^{(fn)}(gn)$.

**Lemma 6.** $M'$ ist ein Indexbaum.

Beweis. 1) Aus $\varphi o = o \in M$ folgt $o \in M'$. 2) Ist $(\alpha, 1) \in M'$, so ist $\varphi\alpha = \varphi(\alpha, 1) \in M$, also $\alpha \in M'$. 3) Ist $(\alpha, 2) \in M'$, so ist $(\varphi\alpha, 1) = \varphi(\alpha, 2) \in M$. Dann ist auch $\varphi(\alpha, 1) = \varphi\alpha \in M$, also $(\alpha, 1) \in M'$. 4) Ist $(\alpha, n+2) \in M'$, so ist $(\varphi\alpha, n+1) = \varphi(\alpha, n+2) \in M$. Dann ist auch $\varphi(\alpha, n+1) = (\varphi\alpha, n) \in M$, also $(\alpha, n+1) \in M'$. Hiermit sind die Eigenschaften eines Indexbaumes für die Menge $M'$ erwiesen.

**Lemma 7.** Für $\alpha \in M'$ ist $K(\alpha)$ eine Kette von $M'$ mit $\alpha \in K(\alpha)$.

Beweis. Nach Lemma 5 ist $\varphi(\alpha^n) \preccurlyeq \varphi\alpha$. Aus $\alpha \in M'$ folgt daher $\varphi\alpha \in M$, $\varphi(\alpha^n) \in M$ und $\alpha^n \in M'$. Im übrigen ergibt sich die Behauptung nach Lemma 1.

**Lemma 8.** Für $\alpha \in M'$ und $n \in N$ ist $\Theta\alpha n \in V(\varphi\alpha)$.

Beweis. Nach der Definition von $\Theta$ ist $\Theta\alpha n \in V(\varphi\alpha^{(fn)})$. Nach Lemma 5 ist $\varphi(\alpha^{(fn)}) \preccurlyeq \varphi\alpha$, also $V(\varphi\alpha^{(fn)}) \subseteq V(\varphi\alpha)$. Somit ist $\Theta\alpha n \in V(\varphi\alpha)$.

**Lemma 9.** Ist $\alpha \leqslant \beta \in M'$ und $fn \leq l\alpha$, so ist $\Theta\alpha n = \Theta\beta n$.

Beweis. Nach Lemma 1 (5) ist $\alpha^{(fn)} = \beta^{(fn)}$. Nach der Definition von $\Theta$ folgt $\Theta\alpha n = \Theta\beta n$.

## 5. *Definition von $W'$*

5.1. Ist $a$ eine freie Objektvariable mit $W(a) \in V(o)$, so gibt es eine kleinste Zahl $n_a$ mit $\vartheta o n_a = W(a)$. Dann sei $W'(a) = h0n_a$. Ist $a$ eine andere freie Objektvariable, so sei $W'(a)$ eine beliebig gewählte natürliche Zahl.

5.2. Ist $v$ eine Aussagenvariable und $\alpha \in M'$, so sei $W'(v, \alpha) = W(v, \varphi\alpha)$.

5.3. $p$ sei eine $n$-stellige Prädikatenvariable, $m_1, \ldots, n_n \in N$ und $\alpha \in M'$. Wir setzen $W'(pm_1 \ldots m_n, \alpha) = f$, wenn es $\beta \in M'$ gibt mit $\alpha \leqslant \beta$, $fm_k \leq l\beta$ für alle $k = 1, \ldots, n$ und $(\Theta\beta m_1, \ldots, \Theta\beta m_n) \notin W(p, \varphi\beta)$. Andernfalls setzen wir $W'(pm_1 \ldots m_n, \alpha) = w$.

**Lemma 10.** $(M', N, W')$ ist ein Beth-Modell.

Beweis. Nach Lemma 6 ist $M'$ ein Indexbaum. Für jede freie Objektvariable $a$ ist $W'(a) \in N$ definiert. Wir haben noch zu zeigen: Ist $\alpha \in M'$ und $P$ ein $N$-Primausdruck mit $W'(P, \alpha) = f$, so gibt es eine Kette $K \subseteq M'$ mit $\alpha \in K$ und $W'(P, \kappa) = f$ für alle $\kappa \in K$.

1) $P$ sei eine Aussagenvariable $v$. Nach Lemma 7 ist $K(\alpha)$ eine Kette von $M'$ mit $\alpha \in K(\alpha)$. Wegen $W'(P, \alpha) = f$ ist $W(P, \varphi\alpha) = f$. Nach Lemma 5 ist $\varphi(\alpha^n) \leqslant \varphi\alpha$, folglich auch $W(P, \varphi(\alpha^n)) = f$ und $W'(P, \alpha^n) = f$, also $W'(P, \kappa) = f$ für alle $\kappa \in K(\alpha)$.

2) $P$ sei ein $N$-Ausdruck $pm_1 \ldots m_k$ mit einer $k$-stelligen Prädikatenvariablen $p$ und $m_1, \ldots, m_k \in N$. Da $W'(P, \alpha) = f$ ist, gibt es $\beta \in M'$ mit $a \leqslant \beta$, $fm_i \leq l\beta$ für alle $i = 1, \ldots, k$ und $(\Theta\beta m_1, \ldots, \Theta\beta m_k) \notin W(p, \varphi\beta)$. Nach Lemma 7 ist $K(\beta)$ eine Kette von $M'$ mit $\beta \in K(\beta)$. Wegen $\alpha \leqslant \beta$ ist auch $\alpha \in K(\beta)$. Zu jedem $n \in N$ hat man $\bar{n} = \mathrm{Max}\,[n, l\beta] \in N$ mit $l\beta \leq \bar{n}$ und $\beta \leq \beta^{\bar{n}}$. Nach Lemma 4 ist $\varphi(\beta^{\bar{n}}) = \varphi\beta$, und nach Lemma 9 ist $\Theta\beta m_i = \Theta(\beta^{\bar{n}})m_i$. Somit ist $(\Theta(\beta^{\bar{n}})m_1, \ldots, \Theta(\beta^{\bar{n}})m_k) \notin W(p, \varphi(\beta^{\bar{n}}))$. Da $\beta^n \leqslant \beta^{\bar{n}} \in M'$ und $fm_i \leq l(\beta^{\bar{n}})$ $(i = 1, \ldots, k)$ ist, folgt definitionsgemäß $W'(pm_1 \cdots m_k, \beta^n) = f$, also $W'(P, \kappa) = f$ für alle $\kappa \in K(\beta)$.

**Lemma 11.** Für jede freie Objektvariable $a$ mit $W(a) \in V(o)$ und $\alpha \in M'$ ist $\Theta\alpha(W'(a)) = W(a)$.

Beweis. Nach der Definition von $W'$ ist $W'(a) = h0n_a$, wobei $\vartheta o n_a = W(a)$ ist. Daher ist $\Theta\alpha(W'(a)) = \vartheta(\alpha^0)n_a = W(a)$.

## 6. *Bezeichnungen*

**6.1. Ist** $F$ ein $N$-Ausdruck und $\alpha \in M'$, so bezeichnen wir mit $F_\alpha$ denjenigen $V$-Ausdruck, der sich aus $F$ ergibt, wenn jede darin auftretende natürliche Zahl $n$ durch den Namen des Elementes $\Theta \alpha n$ aus $V (\varphi \alpha)$ ersetzt wird.

**6.2.** Ein $N$-Ausdruck $F$ heiße $\alpha$-*beschränkt*, wenn $fn \leq l\alpha$ für jede in $F$ auftretende natürliche Zahl $n$ gilt.

**Lemma 12.** Ist $\alpha \leqslant \beta \in M'$ und $F$ ein $\alpha$-beschränkter $N$-Ausdruck, so ist $F$ auch $\beta$-beschränkt und $F_\alpha \equiv F_\beta$.

**Beweis.** Wegen $\alpha \leqslant \beta$ ist $l\alpha \leq l\beta$. Daher ist $F$ auch $\beta$-beschränkt, wenn $F$ $\alpha$-beschränkt ist. Nach Lemma 9 ist $\Theta \alpha n = \Theta \beta n$ für jede in $F$ auftretende natürliche Zahl $n$, also $F_\alpha \equiv F_\beta$.

**Satz 18.1.** Ist $\alpha \in M'$ und $F$ ein $\alpha$-beschränkter $N$-Ausdruck, so ist $W'(F, \alpha) = W(F_\alpha, \varphi \alpha)$.

Beweis durch Induktion nach der Länge von $F$.

1. $F$ sei eine Aussagenvariable $v$. Dann ist auch $F_\alpha \equiv v$ und $W'(v, \alpha) = W(v, \varphi \alpha)$ nach der Definition von $W'$.

2. $F$ sei ein $N$-Ausdruck $pm_1 \cdots m_n$ mit einer $n$-stelligen Prädikatenvariablen $p$ und $m_1, \ldots, m_n \in N$.

2.1. Es sei $W'(pm_1 \ldots m_n, \alpha) = f$. Dann gibt es $\beta \in M'$ mit $\alpha \leqslant \beta$ und $(\Theta \beta m_1, \ldots, \Theta \beta m_n) \notin W(p, \varphi \beta)$, also $W(F_\beta, \varphi \beta) = f$. Nach Lemma 12 ist $F_\alpha \equiv F_\beta$, und nach Lemma 2 ist $\varphi \alpha \leqslant \varphi \beta$. Folglich ist auch $W(F_\alpha, \varphi \alpha) = f$.

2.2. Es sei $W(F_\alpha, \varphi \alpha) = f$. Dann ist $(\Theta \alpha m_1, \ldots, \Theta \alpha m_n) \notin W(p, \varphi \alpha)$. Da $F$ ein $\alpha$-beschränkter $N$-Ausdruck ist, gilt $fm_k \leq l\alpha$ für alle $k = 1, \ldots, n$. Nach der Definition von $W'$ folgt $W'(pm_1 \ldots m_n, \alpha) = f$.

3. $F$ sei ein $N$-Ausdruck $A \wedge B$. In diesem Fall ist $W'(F, \alpha) = f$ genau dann, wenn $W'(A, \alpha) = f$ oder $W'(B, \alpha) = f$ ist. Das ist nach der Induktionsvoraussetzung genau dann der Fall, wenn $W(A_\alpha, \varphi \alpha) = f$ oder $W(B_\alpha, \varphi \alpha) = f$ ist, also wenn $W(F_\alpha, \varphi \alpha) = f$ ist.

4. $F$ sei ein $N$-Ausdruck $A \vee B$.

4.1. Es sei $W'(A \vee B, \alpha) = f$. Dann ist $W'(A, \alpha) = W'(B, \alpha) = f$. Nach der Induktionsvoraussetzung folgt $W(A_\alpha, \varphi \alpha) = W(B_\alpha, \varphi \alpha) = f$, also $W(F_\alpha, \varphi \alpha) = f$.

4.2. Es sei $W(F_\alpha, \varphi \alpha) = f$. Dann ist $W(A_\alpha, \varphi \alpha) = W(B_\alpha, \varphi \alpha) = f$. Für alle $n \geq l\alpha$ ist $\alpha \leqslant \alpha^n$, nach Lemma 4 $\varphi(\alpha^n) = \varphi \alpha$, nach Lemma 12 $F_\alpha \equiv F_{\alpha^n}$ und $F$ auch $\alpha^n$-beschränkt. Somit ist $W(A_{\alpha^n}, \varphi(\alpha^n)) = W(B_{\alpha^n}, \varphi(\alpha^n)) = f$ und nach Induktionsvoraussetzung $W'(A, \alpha^n) = W'(B, \alpha^n) = f$ für alle

$n \geq l\alpha$. Hiermit ergibt sich $W'(A, \kappa) = W'(B, \kappa) = f$ für alle $\kappa \in K(\alpha)$. Nach Lemma 7 ist $K(\alpha)$ eine Kette von $M'$ mit $\alpha \in K(\alpha)$. Folglich ist $W'(A \vee B, \alpha) = f$.

5. $F$ sei ein $N$-Ausdruck $A \to B$.

5.1. Es sei $W'(A \to B, \alpha) = f$. Dann gibt es $\beta \in M'$ mit $\alpha \leqslant \beta$, $W'(A, \beta) = w$ und $W'(B, \beta) = f$. Nach Lemma 12 ist $F$ auch $\beta$-beschränkt und $F_\alpha \equiv F_\beta$. Nach der Induktionsvoraussetzung folgt $W(A_\alpha, \varphi\beta) = w$ und $W(B_\alpha, \varphi\beta) = f$. Mit $\varphi\alpha \leqslant \varphi\beta$ (nach Lemma 2) folgt $W(F_\alpha, \varphi\alpha) = f$.

5.2. Es sei $W(F_\alpha, \varphi\alpha) = f$. Dann gibt es $\gamma \in M$ mit $\varphi\alpha \leqslant \gamma$, $W(A_\alpha, \gamma) = w$ und $W(B_\alpha, \gamma) = f$. Nach Lemma 3 gibt es $\beta \in M'$ mit $\alpha \leqslant \beta$ und $\varphi\beta = \gamma$. Nach Lemma 12 ist $F$ auch $\beta$-beschränkt und $F_\alpha \equiv F_\beta$. Man hat also $W(A_\beta, \varphi\beta) = w$, $W(B_\beta, \varphi\beta) = f$ und nach Induktionsvoraussetzung $W'(A, \beta) = w$, $W'(B, \beta) = f$. Mit $\alpha \leqslant \beta$ folgt $W'(A \to B, \alpha) = f$.

6. $F$ sei ein $N$-Ausdruck $\neg A$.

6.1. Es sei $W'(\neg A, \alpha) = f$. Dann gibt es $\beta \in M'$ mit $\alpha \leqslant \beta$ und $W'(A, \beta) = w$. Wie im Fall 5.1 folgt $W(A_\alpha, \varphi\beta) = w$ und $W(\neg A_\alpha, \varphi\alpha) = f$.

6.2. Es sei $W(\neg A_\alpha, \varphi\alpha) = f$. Dann gibt es $\gamma \in M$ mit $\varphi\alpha \leqslant \gamma$ und $W(A_\alpha, \gamma) = w$. Wie im Fall 5.2 hat man $\alpha \leqslant \beta \in M'$ mit $\varphi\beta = \gamma$, $W(A_\beta, \varphi\beta) = w$, $W'(A, \beta) = w$ und $W'(\neg A, \alpha) = f$.

7. $F$ sei ein $N$-Ausdruck $\wedge x \mathfrak{A}(x)$.

7.1. Es sei $W'(\wedge x \mathfrak{A}(x), \alpha) = f$. Dann gibt es $n \in N$ und nach Satz 17.1 eine Kette $K \subseteq M'$ mit $\alpha \in K$ und $W'(\mathfrak{A}(n), \kappa) = f$ für alle $\kappa \in K$. Es gibt $\beta \in K$ mit $\alpha \leqslant \beta$ und $fn \leq l\beta$. Nach Lemma 12 ist $\mathfrak{A}(n)$ ein $\beta$-beschränkter $N$-Ausdruck und $\mathfrak{A}_\alpha \equiv \mathfrak{A}_\beta$. Nach Induktionsvoraussetzung folgt $W(\mathfrak{A}_\alpha(\Theta\beta n), \varphi\beta) = f$. Da nach Lemma 2 $\varphi\alpha \leqslant \varphi\beta$ und nach Lemma 9 $\Theta\beta n \in V(\varphi\beta)$ ist, folgt $W(\wedge x \mathfrak{A}_\alpha(x), \varphi\alpha) = f$.

7.2. Es sei $W(F_\alpha, \varphi\alpha) = f$. Dann gibt es $\gamma \in M$ mit $\varphi\alpha \leqslant \gamma$ und ein $\xi \in V(\gamma)$ mit $W(\mathfrak{A}_\alpha(\xi), \gamma) = f$. Nach Lemma 3 gibt es $\beta \in M'$ mit $\alpha \leqslant \beta$ und $\varphi\beta = \gamma$. Es gibt ein $k \in N$ mit $\xi = \vartheta\beta k$. Für $n = h(l\beta)k$ ist $\Theta\beta n = \vartheta\beta k = \xi$. Man hat also $W(\mathfrak{A}_\alpha(\Theta\beta n), \varphi\beta) = f$. Da $fn = l\beta$ und $\alpha \leqslant \beta$ ist, ist nach Lemma 12 $\mathfrak{A}(n)$ ein $\beta$-beschränkter $N$-Ausdruck und $\mathfrak{A}_\alpha \equiv \mathfrak{A}_\beta$. Nach Induktionsvoraussetzung folgt $W'(\mathfrak{A}(n), \beta) = f$. Mit $\alpha \leqslant \beta$ folgt $W'(\wedge x \mathfrak{A}(x), \alpha) = f$.

8. $F$ sei ein $N$-Ausdruck $\vee x \mathfrak{A}(x)$.

8.1. Es sei $W'(\vee x \mathfrak{A}(x), \alpha) = f$. Zu jedem $\xi \in V(\varphi\alpha)$ gibt es ein $k \in N$ mit $\xi = \vartheta\alpha k$. Für $n = h(l\alpha)k$ ist $\Theta\alpha n = \Theta\alpha k = \xi$. Aus $W'(\vee x \mathfrak{A}(x), \alpha) = f$ folgt $W'(\mathfrak{A}(n), \alpha) = f$. Da $fn = l\alpha$ ist, ist $\mathfrak{A}(n)$ ein $\alpha$-beschränkter $N$-Ausdruck. Nach Induktionsvoraussetzung folgt $W(\mathfrak{A}_\alpha(\Theta\alpha n), \varphi\alpha) = f$. Somit ist $W(\mathfrak{A}_\alpha(\xi), \varphi\alpha) = f$ für alle $\xi \in V(\varphi\alpha)$, also $W(\vee x \mathfrak{A}_\alpha(x), \varphi\alpha) = f$.

**8.2.** Es sei $W(F_\alpha, \varphi\alpha) = f$. Für alle $n \geq l\alpha$ ist nach Lemma 4 $\varphi(\alpha^n) = \varphi\alpha$ und nach Lemma 8 $\Theta\alpha^n m \in V(\varphi\alpha)$. Ist auch $n \geq fm$, so ist nach Lemma 12 $\mathfrak{A}(m)$ ein $\alpha^n$-beschränkter $N$-Ausdruck und $\mathfrak{A}_\alpha \equiv \mathfrak{A}_{\alpha^n}$. Dann ist $W(\mathfrak{A}_{\alpha^n}(\Theta(\alpha^n)\, m), \varphi(\alpha^n)) = f$. Nach der Induktionsvoraussetzung folgt $W'(\mathfrak{A}(m), \alpha^n) = f$ für alle $n \geq \max[l\alpha, fm]$. Hiermit ergibt sich $W'(\mathfrak{A}(m), \varkappa) = f$ für alle $m \in N$ und $\varkappa \in K(\alpha)$. Nach Lemma 7 ist $K(\alpha)$ eine Kette von $M'$ mit $\alpha \in K(\alpha)$. Folglich ist $W'(\bigvee x\mathfrak{A}(x), \alpha) = f$.

**Satz 18.2.** Ist $F$ eine Formel mit $W(a) \in V(o)$ für jede in $F$ auftretende freie Objektvariable $a$, so ist $W'(F, \alpha) = W(F, \varphi\alpha)$ für jedes $\alpha \in M'$.

Beweis. $F'$ sei der $N$-Ausdruck, der sich aus der Formel $F$ ergibt, wenn jede darin auftretende freie Objektvariable $a$ durch die natürliche Zahl $W'(a)$ ersetzt wird. Nach der Definition von $W'$ ist dann $W'(F, \alpha) = W'(F', \alpha)$. Nach der Definition von $W'(a)$ ist $f(W'(a)) = 0$. Daher ist $F'$ ein $\alpha$-beschränkter $N$-Ausdruck für alle $\alpha \in M'$. Nach Satz 18.1 folgt $W'(F', \alpha) = W(F'_\alpha, \varphi\alpha)$. Nach Lemma 11 ist $\Theta\alpha(W'(a)) = W(a)$. Daher ist $F'_\alpha$ derjenige $V$-Ausdruck, der sich aus der Formel $F$ ergibt, wenn jede darin auftretende freie Objektvariable $a$ durch $W(a)$ ersetzt wird. Nach der Definition von $W$ ist also $W(F, \varphi\alpha) = W(F'_\alpha, \varphi\alpha)$. Hiermit ergibt sich $W'(F, \alpha) = W(F, \varphi\alpha)$.

**Satz 18.3. (Vollständigkeitssatz für Beth-Modelle).** Ist eine Formel $F$ in der intuitionistischen Prädikatenlogik nicht herleitbar, so gibt es ein Beth-Modell $(M', N, W')$ mit $W'(F, o) = f$.

Beweis. Aus der Voraussetzung folgt nach Satz 14.6, daß es ein für $F$ zulässiges Baum-Modell $(M, V, W)$ mit $W(F, o) = f$ gibt. Für jede in $F$ auftretende freie Objektvariable $a$ ist dann $W(a) \in V(o)$. Für das entsprechende Beth-Modell $(M', N, W')$ ist nach Satz 18.2 $W'(F, o) = W(F, o) = f$.

## § 19. Gültigkeits- und Erfüllbarkeitseigenschaften

Entsprechend wie für die Modelle des § 14 definieren wir für *Beth-Modelle*:

Eine Formel $F$ heißt *gültig* (oder *erfüllbar*) in einem Beth-Modell $(M, N, W)$, wenn $W(F, \alpha) = w$ für alle $\alpha \in M$ (oder für mindestens ein $\alpha \in M$) gilt.

Eine Formel heißt *allgemeingültig*, wenn sie in jedem Beth-Modell gültig ist. Sie heißt *erfüllbar* (oder *allgemein-erfüllbar*), wenn sie in mindestens einem (oder in jedem) Beth-Modell erfüllbar ist.

Ein Beth-Modell $(M, N, W)$ heißt *endlich*, wenn der Indexbaum $M$ eine endliche Menge ist.

Eine Formel heißt *endlich allgemeingültig* (oder *endlich allgemeinerfüllbar*), wenn sie in jedem endlichen Beth-Modell gültig (oder erfüllbar) ist. Sie heißt *endlich erfüllbar*, wenn sie in mindestens einem endlichen Beth-Modell erfüllbar ist.

Nach den Sätzen 17.5 und 18.3 ist eine Formel genau dann allgemeingültig (für Beth-Modelle), wenn sie in der intuitionistischen Prädikatenlogik herleitbar ist. Mit den entsprechenden Beweisen wie für die Sätze 16.1, 16.3, 16.5 und 16.6 folgt auch für die Gültigkeits- und Erfüllbarkeitsbegriffe der Beth-Modelle:

Eine Formel $F$ ist genau dann erfüllbar, wenn die Formel $\neg F$ nicht herleitbar ist. $F$ ist genau dann allgemein-erfüllbar, wenn die Formel $\neg\neg F$ herleitbar ist. $F$ ist genau dann endlich erfüllbar (oder endlich allgemein-erfüllbar), wenn die Formel $F$ in der klassischen Prädikatenlogik erfüllbar (oder allgemeingültig) ist.

Die angegebenen semantischen Begriffe für Beth-Modelle decken sich also mit den entsprechenden Begriffen, die in § 16 für Kripke-Modelle definiert sind. Nur die *endliche Allgemeingültigkeit* hat für die verschiedenen Modellbegriffe verschiedene Umfänge.

Nach § 16 (1. und 4. Beispiel) gibt es endlich allgemein-erfüllbare Formeln, die nicht endlich allgemeingültig sind (für Kripke-Modelle). Für Beth-Modelle stimmt dagegen die Klasse der endlich allgemein-erfüllbaren Formeln mit der Klasse der endlich allgemeingültigen Formeln überein.

Beweis. F sei eine endlich allgemein-erfüllbare Formel. $(M, N, W)$ sei ein endliches Beth-Modell. Für jeden Endpunkt $\beta$ des Indexbaumes $M$ ist dann $W(F, \beta) = w$. Da $M$ endlich ist, gibt es also keine Kette $K \subseteq M$ mit $W(F, \kappa) = f$ für alle $\kappa \in K$. Nach Satz 17.3 folgt $W(F, \alpha) = w$ für alle $\alpha \in M$. Die Formel $F$ ist also endlich allgemeingültig.

Für Beth-Modelle der Aussagenlogik fallen Allgemeingültigkeit und endliche Allgemeingültigkeit ebenso wie Allgemein-Erfüllbarkeit und endliche Allgemein-Erfüllbarkeit nicht zusammen.

# VII. Aussagenlogische Modalitätensysteme

## § 20. Die formalen Systeme $M$, $S4$, $Br$ und $S5$

Neben den aussagenlogischen Modalitätensystemen $M$ (von v. WRIGHT) und $S4$ (von LEWIS), die in den prädikatenlogischen Modalitätensystemen $M^*$ und $S4^*$ des § 1 enthalten sind, behandeln wir zwei weitere aussagenlogische Modalitätensysteme $Br$ (mit einem Axiom von BROUWER) und $S5$ (von LEWIS).

Die *Formeln* seien wie in § 1 definiert, aber unter Beschränkung auf aussagenlogische Formeln, die nur aus Aussagenvariablen mit Hilfe der Junktoren $\neg$, $\vee$ und des Notwendigkeitszeichens $\square$ zusammengesetzt sind. Wie vorher bezeichnen wir eine Formel als *aussagenlogisch gültig*, wenn sie durch Einsetzungen (von Formeln für Aussagenvariablen) aus einer allgemeingültigen Formel der klassischen Aussagenlogik (in der das Zeichen $\square$ nicht auftritt) ergibt.

*Axiome* aller vier Systeme $M$, $S4$, $Br$ und $S5$ sind (wie in § 1, 6.1 und 6.3): Alle *aussagenlogisch gültigen Formeln* und die Modalitätenaxiome

$$\text{(Ax 1)} \qquad \neg\,\square\,A \vee A$$

$$\text{(Ax 2)} \qquad \neg\,\square\,(\neg\,A \vee B) \vee \neg\,\square\,A \vee \square\,B$$

*Grundschlußregeln* aller vier Systeme sind (wie in § 1, 7.1 und 7.3):

$$A, \neg\,A \vee B \Rightarrow B \qquad \text{(modus ponens)}$$

$$A \Rightarrow \square\,A \qquad \text{(Modalisierung)}$$

Die Systeme $S4$, $Br$ und $S5$ haben je ein *zusätzliches Axiomenschema*:

$$\text{(Ax 3)} \qquad \neg\,\square\,A \vee \square\,\square\,A \qquad\qquad \text{(System } S4)$$

$$\text{(Ax 4)} \qquad A \vee \square\,\neg\,\square\,A \qquad\qquad \text{(System } Br)$$

$$\text{(Ax 5)} \qquad \square\,A \vee \square\,\neg\,\square\,A \qquad\qquad \text{(System } S5)$$

Wir sagen, daß eine Formel $B$ *aussagenlogisch* aus Formeln $A_1, \ldots, A_n$ *folgt*, wenn

$$\neg\,A_1 \vee \cdots \vee \neg\,A_n \vee B$$

eine aussagenlogisch gültige Formel ist. In diesem Fall kann in jedem der vier Systeme von den Formeln $A_1, \ldots, A_n$ auf die Formel $B$ geschlossen werden, nämlich mit Hilfe der angegebenen aussagenlogisch gültigen Formel und der Schlußregel des modus ponens.

**Satz 20.1.** In jedem der vier Systeme ist herleitbar:

$$\neg\,\square\,(\neg\,A_1 \vee \cdots \vee \neg\,A_n \vee B) \vee \neg\,\square\,A_1 \vee \cdots \vee \neg\,\square\,A_n \vee \square\,B\,.$$

Der Beweis hierfür erfolgt mit (Ax 2) und den Regeln der klassischen Aussagenlogik durch Induktion nach $n$.

**Satz 20.2.** Eine zulässige Schlußregel aller vier Systeme ist:

$$\neg\,A_1 \vee \cdots \vee \neg\,A_n \vee B \Rightarrow \neg\,\square\,A_1 \vee \cdots \vee \neg\,\square\,A_n \vee \square\,B$$

Beweis. Dies folgt mit den beiden Grundschlußregeln aus Satz 20.1.

**Satz 20.3.** Das System $S5$ ist mit dem durch (Ax 4) erweiterten System $S4$ äquivalent.

Beweis.

1. (Ax 4) ist in $S5$ herleitbar, denn (Ax 4) $A \vee \square\,\neg\,\square\,A$ folgt aussagenlogisch aus (Ax 1) $\neg\,\square\,A \vee A$ und (Ax 5) $\square\,A \vee \square\,\neg\,\square\,A$.

2. (Ax 3) ist folgendermaßen in $S5$ herleitbar. $\neg\,\neg\,\square\,\neg\,\square\,A \vee \square\,A$ folgt aussagenlogisch aus (Ax 5). Nach Satz 20.2 folgt $\neg\,\square\,\neg\,\square\,\neg\,\square\,A \vee \square\,\square\,A$. Mit dem in $S5$ herleitbaren (Ax 4) ergibt sich $\neg\,\square\,A \vee \square\,\neg\,\square\,\neg\,\square\,A$. Aus den beiden letzten Formeln folgt aussagenlogisch $\neg\,\square\,A \vee \square\,\square\,A$.

3. (Ax 5) ist folgendermaßen in $S4$ mit (Ax 4) herleitbar. $\neg\,\neg\,\square\,\square\,A \vee \neg\,\square\,A$ folgt aussagenlogisch aus (Ax 3). Nach Satz 20.2 folgt $\neg\,\square\,\neg\,\square\,\square\,A \vee \square\,\neg\,\square\,A$. Nach (Ax 4) hat man $\square\,A \vee \square\,\neg\,\square\,\square\,A$. Aus den beiden letzten Formeln folgt aussagenlogisch $\square\,A \vee \square\,\neg\,\square\,A$.

## § 21. Modelle der aussagenlogischen Modalitätensysteme

Ein *Modell* $(M, R, W)$ wird ebenso wie ein Modell $(M, R, V, W)$ des § 2 definiert, jedoch mit der Einschränkung auf Formeln, in denen keine Prädikatenvariable und kein Existenzquantor auftritt. Hierfür kommen nur die Erklärungen 1.1, 1.2 und 1.4.2 des § 2 in Betracht. Die dort auftretende Funktion $V$ entfällt für die aussagenlogischen Modelle. Der Wahrheitswert $W(F, \alpha)$ einer Formel $F$ für $\alpha \in M$ in einem Modell $(M, R, W)$ wird nach den Regeln 2.1, 2.3, 2.4 und 2.6 des § 2 induktiv definiert. Eine Formel $F$ heißt *gültig* in dem Modell, wenn $W(F, \alpha) = w$ für alle $\alpha \in M$ gilt.

Ein Modell $(M, R, W)$ heißt ein
*M-Modell*, wenn $R$ eine reflexive Relation ist,
*S4-Modell*, wenn $R$ eine reflexive und transitive Relation ist,
*Br-Modell*, wenn $R$ eine reflexive und symmetrische Relation ist,
*S5-Modell*, wenn $R$ eine reflexive, symmetrische und transitive Relation ist.

$S$ sei eines der vier betrachteten formalen Systeme $M$, $S4$, $Br$ oder $S5$. Eine Formel heiße *S-allgemeingültig*, wenn sie in jedem $S$-Modell gültig ist. Wir beweisen, daß eine Formel genau dann $S$-allgemeingültig ist, wenn sie im formalen System $S$ herleitbar ist.

**Satz 21.1. (Konsistenzsatz).** Jede im System $S$ herleitbare Formel ist $S$-allgemeingültig.

Beweis durch Herleitungsinduktion

1. Die Beweisführung für die Systeme $M$ und $S4$ ist dem Beweis des Konsistenzlemmas in § 3 zu entnehmen. Ergänzend ist nur noch festzustellen, daß (Ax 4) $Br$-allgemeingültig und (Ax 5) $S5$-allgemeingültig ist.

2. Angenommen, in einem $Br$-Modell sei $W(\Box \neg \Box A, \alpha) = f$. Dann gibt es $\beta \in M$ mit $\alpha R \beta$ und $W(\neg \Box A, \beta) = f$, also $W(\Box A, \beta) = w$. Da $R$ symmetrisch ist, folgt $\beta R \alpha$ und $W(A, \alpha) = w$. In jedem Fall ergibt sich $W(A \vee \Box \neg \Box A, \alpha) = w$. Somit ist (Ax 4) in jedem $Br$-Modell gültig.

3. Da jedes $S5$-Modell zugleich ein $S4$-Modell und ein $Br$-Modell ist, sind (Ax 3) und (Ax 4) in jedem $S5$-Modell gültig. Mit Satz 20.3 folgt, daß auch (Ax 5) in jedem $S5$-Modell gültig ist.

**Satz 21.2 (Vollständigkeitssatz).** Jede $S$-allgemeingültige Formel ist im System $S$ herleitbar.

Für diesen Satz geben wir zunächst einen nichtkonstruktiven Beweis an, der entsprechend dem Beweis in § 4 verläuft. In § 22 folgt ein konstruktiver Beweis, mit dem sich Entscheidungsverfahren für die Herleitbarkeitsbegriffe der vier betrachteten Systeme ergeben.

Wir legen eine abzählbare Menge von freien Aussagenvariablen zugrunde und setzen im folgenden von den Formeln voraus, daß alle darin auftretenden Aussagenvariablen dieser vorgegebenen Variablenmenge angehören. Die Klasse der zugelassenen Formeln ist dann abzählbar.

Eine Formelmenge $\alpha$ heißt *S-inkonsistent*, wenn es $A_1, \ldots, A_n \in \alpha$ gibt, so daß die Formel

$$\neg A_1 \vee \cdots \vee \neg A_n$$

im System $S$ herleitbar ist. Andernfalls heißt $\alpha$ $S$-konsistent.

Eine Formelmenge $\alpha$ heißt *maximal S-konsistent*, wenn die Menge $\alpha$, aber keine echte Obermenge von $\alpha$ $S$-konsistent ist. Das ist genau dann der Fall, wenn für jede Formel $A$ gilt:

$A \notin \alpha$ genau dann, wenn $\alpha \cup \{A\}$ $S$-inkonsistent ist. Offenbar läßt sich jede $S$-konsistente Formelmenge zu einer maximal $S$-konsistenten Formelmenge erweitern (da nur Formeln einer festgelegten abzählbaren Formelmenge zugelassen sind).

Eine *maximal S-konsistente* Formelmenge $\alpha$ hat folgende Eigenschaften:

(1.1) $A \in \alpha$ genau dann, wenn $\neg A \notin \alpha$ ist.

(1.2) Ist $\neg A \vee B$ in $S$ herleitbar und $A \in \alpha$, so ist auch $B \in \alpha$.

(1.3) $A \vee B \in \alpha$ genau dann, wenn $A \in \alpha$ oder $B \in \alpha$ ist.

(1.4) Ist $\Box A \in \alpha$, so ist auch $A \in \alpha$.

Die Beweise hierzu sind wie für 3.1–3.5 und 3.7 des § 4 zu führen.

$M$ sei die Menge aller maximal $S$-konsistenten Formelmengen. Für $\alpha, \beta \in M$ bedeute $\alpha R \beta$, daß $\{A : \Box A \in \alpha\} \subseteq \beta$ ist. Diese Relation $R$ hat folgende Eigenschaften:

(2.1) $R$ ist reflexiv auf $M$.

Beweis. Dies gilt nach (1.4).

(2.2) Ist $S$ eines der Systeme $S4$ oder $S5$, so ist $R$ transitiv auf $M$.

Beweis wie für 5.2 in § 4.

(2.3) Ist $S$ eines der Systeme $Br$ oder $S5$, so ist $R$ symmetrisch auf $M$.

Beweis. In diesem Fall ist $\neg \neg A \vee \Box \neg \Box A$ in $S$ herleitbar. Gilt $\alpha R \beta$ und $A \notin \alpha$, so ist nach (1.1) $\neg A \in \alpha$, nach (1.2) $\Box \neg \Box A \in \alpha$, folglich $\neg \Box A \in \beta$ und nach (1.1) $\Box A \notin \beta$. Hiermit ergibt sich $\beta R \alpha$.

(2.4) Ist $A \in \beta$ für alle $\beta \in M$ mit $\alpha R \beta$, so ist $\Box A \in \alpha$.

Beweis wie für 5.4 in § 4.

Wir definieren: Für eine Aussagenvariable $v$ und $\alpha \in M$ sei $W(v, \alpha) = w$, wenn $v \in \alpha$ ist, und $W(v, \alpha) = f$, wenn $v \notin \alpha$ ist. Nach (2.1)–(2.3) ist dann $(M, R, W)$ ein $S$-Modell. Entsprechend wie Lemma 3 des § 4 beweist man:

Für jede Formel $F$ und $\alpha \in M$ gilt $W(F, \alpha) = w$ genau dann, wenn $F \in \alpha$ ist.

Hiermit ergibt sich der Vollständigkeitssatz. Ist nämlich eine Formel $F$ im System $S$ nicht herleitbar, so ist $\{\neg F\}$ eine $S$-konsistente Formelmenge. Dann gibt es eine maximal $S$-konsistente Formelmenge $\alpha$ mit

$\neg F \in \alpha$. Es folgt $W(\neg F, \alpha) = w$ und $W(F, \alpha) = f$. Die Formel $F$ ist also nicht $S$-allgemeingültig.

Das hier benutzte Modell $(M, R, W)$ hat die Eigenschaft, daß *jede* Formel, die in $S$ nicht herleitbar ist, in diesem Modell ungültig ist. Für jedes der vier Systeme $M$, $S4$, $Br$ und $S5$ hat man ein solches universelles Modell. Dabei hat die Menge $M$ die Mächtigkeit des Kontinuums. Im folgenden Paragraphen werden wir sehen, daß es zu jeder Formel $F$, die in $S$ nicht herleitbar ist, auch ein Modell $(M, R, W)$ mit endlicher Menge $M$ gibt, in dem $F$ ungültig ist.

## § 22. Konstruktiver Beweis des Vollständigkeitssatzes

Wir beweisen den Vollständigkeitssatz ähnlich wie im III. Kapitel mit Hilfe von Formelbäumen. Die in § 8.2 auftretenden Mengen $V_\alpha$ fallen hier fort. Wir verstehen in diesem Paragraphen unter einem *Formelbaum* **B** eine Funktion auf einem endlichen Indexbaum $I$, die jedem $\alpha \in I$ eine Formel $\mathbf{B}_\alpha$ zuordnet. Ein *Grundbaum* ist ein Formelbaum auf dem Indexbaum $\{o\}$.

Für endliche Zahlenfolgen $\alpha$, $\beta$ bedeute $\alpha\sigma\beta$ ($\beta$ ist ein unmittelbarer Nachfolger von $\alpha$), daß $\beta$ die Gestalt $(\alpha, n)$ hat. Ist $S$ eines der formalen Systeme $M$, $S4$, $Br$ oder $S5$, so wird die *$S$-Relation $R_S$* eines Indexbaumes $I$ folgendermaßen definiert.

Für $\alpha$, $\beta \in I$ bedeute $\alpha R_S \beta$:

$\alpha = \beta$ oder $\alpha\sigma\beta$, wenn $S$ das System $M$ ist,

$\alpha \leqslant \beta$, wenn $S$ das System $S4$ ist,

$\alpha = \beta$ oder $\alpha\sigma\beta$ oder $\beta\sigma\alpha$, wenn $S$ das System $Br$ ist. Ist $S$ das System $S5$, so soll $\alpha R_S \beta$ für alle $\alpha$, $\beta \in I$ gelten. Die $S$-Relation $R_S$ ist also in jedem Fall reflexiv. Für $S4$ und $S5$ ist sie auch transitiv, für $Br$ und $S5$ auch symmetrisch.

Reduktionen werden ähnlich wie in § 8 definiert. $S$ sei eines der formalen Systeme $M$, $S4$, $Br$ oder $S5$. **B** sei ein Formelbaum mit dem Indexbaum $I$.

Eine *$S$-Reduktion 1. Art* von **B** an einer Stelle $\beta \in I$ mit den *Reduktionsgliedern* $\neg A_1$, $\neg A_2$ wird definiert, wenn $\mathbf{B}_\beta$ eine Formel $F[(A_1 \lor A_2 \_)]$ ist, wobei weder $A_1$ noch $A_2$ als Negativteil in $\mathbf{B}_\beta$ auftritt. $\mathbf{B}^i$ $(i = 1, 2)$ sei dann der Formelbaum auf $I$ mit

$$\mathbf{B}^i_\beta = \mathbf{B}_\beta \lor \neg A_i$$
$$\mathbf{B}^i_\alpha = \mathbf{B}_\alpha \quad \text{für alle übrigen} \quad \alpha \in I.$$

Eine *S-Reduktion 2. Art* von **B** an einer Stelle $\beta \in I$ mit dem *Reduktionsglied* $\neg A$ wird definiert, wenn $A$ nicht als Negativteil in $\mathbf{B}_\beta$ auftritt und $\Box A$ ein Negativteil einer Formel $\mathbf{B}_\gamma$ mit $\gamma R_S \beta$ ist. $\mathbf{B}^1$ sei dann der Formelbaum auf $I$ mit

$$\mathbf{B}^1_\beta = \mathbf{B}_\beta \vee \neg A$$
$$\mathbf{B}^1_\alpha = \mathbf{B}_\alpha \quad \text{für alle übrigen} \quad \alpha \in I.$$

Eine *S-Reduktion 3. Art* von **B** an einer Stelle $\beta \in I$ mit der *Reduktionsformel* $A$ wird definiert, wenn $\Box A$ ein Positivteil von $\mathbf{B}_\beta$ ist und $A$ in keiner Formel $\mathbf{B}_\gamma$ mit $\alpha R_S \gamma$ als Positivteil auftritt. $n$ sei die kleinste Zahl mit $(\beta, n) \notin I$. Dann wird $\mathbf{B}^1$ folgendermaßen als Formelbaum auf $I \cup \{(\beta, n)\}$ definiert.

$$\mathbf{B}^1_{(\beta,\, n)} = A$$
$$\mathbf{B}^1_\alpha \quad = \mathbf{B}_\alpha \quad \text{für alle } \alpha \in I.$$

Die Formelbäume $\mathbf{B}^1$, $\mathbf{B}^2$ einer *S*-Reduktion 1. Art bezeichnen wir als ein *S-Reduziertenpaar* von **B**, den Formelbaum $\mathbf{B}^1$ einer *S*-Reduktion 2. oder 3. Art als eine *S-Einzelreduzierte* von **B**.

Entsprechend wie in § 8 verstehen wir unter einem *S-Reduktionsbaum über einer Formel E* eine Funktion **R** auf einem einfach verzweigten Indexbaum *J*, die jedem $\alpha \in J$ in folgender Weise einen Formelbaum $\mathbf{R}^\alpha$ zuordnet.

1. $\mathbf{R}^0$ ist der Grundbaum mit der Formel *E*.

2. Ist $(\alpha, 2) \in J$, so bilden $\mathbf{R}^{(\alpha, 1)}$, $\mathbf{R}^{(\alpha, 2)}$ ein *S*-Reduziertenpaar von $\mathbf{R}^\alpha$.

3. Ist $(\alpha, 1) \in J$ und $(\alpha, 2) \notin J$, so ist $\mathbf{R}^{(\alpha, 1)}$ eine *S*-Einzelreduzierte von $\mathbf{R}^\alpha$.

4. $\alpha$ ist genau dann ein Endpunkt des Indexbaumes *J*, wenn $\mathbf{R}^\alpha$ eine Formel $F[v_+, v_-]$ enthält oder wenn auf $\mathbf{R}^\alpha$ keine *S*-Reduktion anwendbar ist. In diesem Fall heißt $\mathbf{R}^\alpha$ ein *Endbaum* des *S*-Reduktionsbaumes **R**.

Aufgrund der Bedingungen, die wir für *S*-Reduktionen aufgestellt haben, führt jeder Faden des Indexbaumes *J* einmal zu einem Formelbaum $\mathbf{R}^\alpha$, der keine *S*-Reduktion zuläßt oder eine Formel $F[v_+, v_-]$ enthält. Jeder *S*-Reduktionsbaum über einer Formel *E* ist daher endlich.

Ein *S*-Reduktionsbaum **R** heiße *geschlossen*, wenn jeder Endbaum von **R** eine Formel $F[v_+, v_-]$ enthält.

Der Vollständigkeitssatz ergibt sich entsprechend wie im III. Kapitel aus den folgenden zwei Lemmata:

**Syntaktisches Hauptlemma.** Wenn es einen geschlossenen $S$-Reduktionsbaum über $E$ gibt, ist die Formel $E$ im System $S$ herleitbar.

**Semantisches Hauptlemma.** Wenn es einen $S$-Reduktionsbaum über $E$ gibt, der nicht geschlossen ist, gibt es ein endliches $S$-Modell, in dem die Formel $E$ ungültig ist.

Wir beweisen zunächst das semantische Hauptlemma (entsprechend wie in § 10). $\mathbf{R}$ sei ein $S$-Reduktionsbaum über $E$, der nicht geschlossen ist. Dann hat $\mathbf{R}$ einen Endbaum $\mathbf{R}^\varepsilon$, der keine Formel der Gestalt $\mathbf{R}\,[v_+, v_-]$ enthält. $I$ sei der endliche Indexbaum von $\mathbf{R}^\varepsilon$, und für $\alpha \in I$ sei $\mathbf{R}^\varepsilon_\alpha = F_\alpha$. Da auf den Endbaum $\mathbf{R}^\varepsilon$ keine $S$-Reduktion anwendbar ist, gilt für alle $\alpha \in I$:

(1) Enthält $F_\alpha$ einen Negativteil $A \vee B$, so tritt auch $A$ oder $B$ als Negativteil in $F_\alpha$ auf.

(2) Enthält $F_\alpha$ einen Negativteil $\square A$, so tritt $A$ in jeder Formel $F_\beta$ mit $\beta \in I$ und $\alpha R_S \beta$ als Negativteil auf.

(3) Enthält $F_\alpha$ einen Positivteil $\square A$, so gibt es $\beta \in I$ mit $\alpha R_S \beta$, so daß $A$ als Positivteil in $F_\beta$ auftritt.

Nach der Voraussetzung für $\mathbf{R}^\varepsilon$ gilt auch:

(4) Es gibt keine Aussagenvariable, die in $F_\alpha$ als Positivteil und als Negativteil auftritt.

Da $\mathbf{R}$ ein Reduktionsbaum über $E$ ist, ergibt sich nach den Reduktionsvorschriften:

(5) Die Formel $E$ tritt als Positivteil in $F_0$ auf.

Wir definieren folgendermaßen ein $S$-Modell $(I, R_S, W)$. Für jede Aussagenvariable $v$ und $\alpha \in I$ sei $W(v, \alpha) = w$, wenn $v$ als Negativteil in $F_\alpha$ auftritt. Andernfalls sei $W(v, \alpha) = f$. Man beweist dann für alle Formeln $C$ und $\alpha \in I$ mit Hilfe von (1)–(4) durch Induktion nach der Länge der Formel $C$:

(6) Tritt $C$ als Positiv- bzw. Negativteil in $F_\alpha$ auf, so ist $W(C, \alpha) = f$ bzw. $W(C, \alpha) = w$.

Aus (5) und (6) folgt $W(E, o) = f$. Die Formel $E$ ist also in dem endlichen $S$-Modell $(I, R_S, W)$ ungültig. Hiermit ist das *semantische Hauptlemma* bewiesen.

Das *syntaktische Hauptlemma* beweisen wir nach S. A. KRIPKE auf einem anderen Wege, als vorher in § 9 der entsprechende Satz für die Systeme $M'$ und $S4'$ bewiesen wurde.

$\mathbf{R}$ sei ein geschlossener $S$-Reduktionsbaum über der Formel $E$. Der endliche (einfach verzweigte) Indexbaum von $\mathbf{R}$ sei $J$. Für $\alpha \in J$ sei $I^\alpha$ der endliche Indexbaum des Formelbaumes $\mathbf{R}^\alpha$.

Wir definieren induktiv eine *charakteristische Formel* $C_\beta^\alpha$ für $\alpha \in J$ und $\beta \in I^\alpha$:

1) Ist $\beta$ ein Endpunkt von $I^\alpha$, so sei $C_\beta^\alpha$ die Formel $\mathbf{R}_\beta^\alpha$.

2) Ist $(\beta, 1) \in I^\alpha$ und $n$ die kleinste Zahl mit $(\beta, n+1) \notin I^\alpha$, so sei $C_\beta^\alpha$ die Formel

$$R_\beta^\alpha \vee \square\, C_{(\beta, 1)}^\alpha \vee \cdots \vee \square\, C_{(\beta, n)}^\alpha$$

**Lemma 1.** Ist $\alpha$ ein Endpunkt des Indexbaumes $J$, so ist die Formel $C_o^\alpha$ im System $S$ herleitbar.

Beweis. In diesem Fall enthält der Formelbaum $\mathbf{R}^\alpha$ eine Formel $\mathbf{R}_\gamma^\alpha$ der Gestalt $F[v_+, v_-]$. Diese Formel ist aussagenlogisch gültig. Dann ist auch $C_\gamma^\alpha$ aussagenlogisch gültig, also in $S$ herleitbar. Wir beweisen durch Induktion invers zur Länge von $\beta$, daß jede Formal $C_\beta^\alpha$ mit $\beta \leqslant \gamma$ in $S$ herleitbar ist. Für $\beta = \gamma$ ist dies bereits festgestellt. Ist $\beta \prec \gamma$, so gibt es $(\beta, k) \leqslant \gamma$. Nach Induktionsvoraussetzung ist dann $C_{(\beta, k)}^\alpha$ in $S$ herleitbar. Mit einem Grundschluß folgt $\square C_{(\beta, k)}^\alpha$. Hieraus folgt $C_\beta^\alpha$ aussagenlogisch. Somit ist insbesondere die Formel $C_o^\alpha$ in $S$ herleitbar.

**Lemma 2.** Ist $(\alpha, 2) \in J$, so ist die Formel

$$\neg\, C_o^{(\alpha, 1)} \vee \neg\, C_o^{(\alpha, 2)} \vee C_o^\alpha$$

im System $S$ herleitbar.

Beweis. In diesem Fall bilden $\mathbf{R}^{(\alpha, 1)}$, $\mathbf{R}^{(\alpha, 2)}$ ein $S$-Reduziertenpaar von $\mathbf{R}^\alpha$. Dann ist $I^{(\alpha, 1)} = I^{(\alpha, 2)} = I^\alpha$, und es gibt $\gamma \in I^\alpha$ mit

$$\mathbf{R}_\gamma^{(\alpha, i)} = \mathbf{R}_\gamma^\alpha \vee \neg\, A_i$$

$$\mathbf{R}_\delta^{(\alpha, i)} = \mathbf{R}_\delta^\alpha \qquad \text{für alle anderen} \quad \delta \in I^\alpha,$$

wobei $A_1 \vee A_2$ ein Negativteil von $\mathbf{R}_\gamma^\alpha$ ist. Dann ist

$$\neg\, R_\gamma^{(\alpha, 1)} \vee \neg\, R_\gamma^{(\alpha, 2)} \vee R_\gamma^\alpha$$

eine aussagenlogisch gültige Formel. Nach der Definition der charakteristischen Formeln folgt, daß auch

$$\neg\, C_\gamma^{(\alpha, 1)} \vee \neg\, C_\gamma^{(\alpha, 2)} \vee C_\gamma^\alpha$$

aussagenlogisch gültig, also in $S$ herleitbar ist. Wir beweisen durch Induktion invers zur Länge von $\beta$, daß für jedes $\beta \leqslant \gamma$ auch

$$\neg\, C_\beta^{(\alpha, 1)} \vee \neg\, C_\beta^{(\alpha, 2)} \vee C_\beta^\alpha$$

in $S$ herleitbar ist. Für $\beta=\gamma$ ist dies bereits festgestellt. Ist $\beta\prec\gamma$, so gibt es $(\beta, k)\preccurlyeq\gamma$. Nach Induktionsvoraussetzung ist dann

$$\neg\, C_{(\beta, k)}^{(\alpha, 1)} \vee \neg\, C_{(\beta, k)}^{(\alpha, 2)} \vee C_{(\beta, k)}^{\alpha}$$

in $S$ herleitbar. Nach Satz 20.2 folgt

$$\neg\, \square\, C_{(\beta, k)}^{(\alpha, 1)} \vee \neg\, \square\, C_{(\beta, k)}^{(\alpha, 2)} \vee \square\, C_{(\beta, k)}^{\alpha}$$

Aussagenlogisch folgt $\neg\, C_{\beta}^{(\alpha, 1)} \vee \neg\, C_{\beta}^{(\alpha, 2)} \vee C_{\beta}^{\alpha}$. Diese Formel ist also insbesondere für $\beta=o$ in $S$ herleitbar.

**Lemma 3.** Ist $(\alpha, 1)\in J$ und $(\alpha, 2)\notin J$, so ist die Formel

$$\neg\, C_{o}^{(\alpha, 1)} \vee C_{o}^{\alpha}$$

im System $S$ herleitbar.

Beweis. Hierfür kommen zwei Fälle in Betracht.

**1. Fall.** $\mathbf{R}^{(\alpha, 1)}$ ist die $S$-Reduzierte von $\mathbf{R}^{\alpha}$ bezüglich einer $S$-Reduktion 2. Art an einer Stelle $\delta\in I^{\alpha}$.

Dann ist $I^{(\alpha, 1)}=I^{\alpha}$, und es gibt $\gamma\in I^{\alpha}$ mit $\gamma R_S\delta$, so daß $\square A$ ein Negativteil von $\mathbf{R}_{\gamma}^{\alpha}$ ist und $\mathbf{R}^{(\alpha, 1)}$ folgendermaßen gebildet ist:

$$\mathbf{R}_{\delta}^{(\alpha, 1)} = \mathbf{R}_{\delta}^{\alpha} \vee \neg\, A$$

$$\mathbf{R}_{\beta}^{(\alpha, 1)} = \mathbf{R}_{\beta}^{\alpha} \qquad \text{für alle übrigen} \quad \beta\in I^{\alpha}.$$

In diesem Fall ist die Formel

$$(1) \qquad\qquad \neg\, C_{\delta}^{(\alpha, 1)} \vee \neg\, A \vee C_{\delta}^{\alpha}$$

aussagenlogisch gültig, also in $S$ herleitbar.

1.1. Es sei $\gamma=\delta$. Dann ist $\square A$ ein Negativteil von $C_{\delta}^{\alpha}$. Aus (1) und (Ax 1) folgt daher

$$\neg\, C_{\delta}^{(\alpha, 1)} \vee C_{\delta}^{\alpha}$$

Wir beweisen durch Induktion invers zur Länge von $\beta$, daß

$$(2) \qquad\qquad \neg\, C_{\beta}^{(\alpha, 1)} \vee C_{\beta}^{\alpha}$$

für alle $\beta\preccurlyeq\delta$ in $S$ herleitbar ist. Für $\beta=\delta$ ist dies bereits festgestellt. Ist $\beta\prec\delta$, so gibt es $(\beta, k)\preccurlyeq\delta$. Nach Induktionsvoraussetzung ist dann $\neg\, C_{(\beta, k)}^{(\alpha, 1)} \vee C_{(\beta, k)}^{\alpha}$ in $S$ herleitbar. Nach Satz 20.2 folgt $\neg\, \square\, C_{(\beta, k)}^{(\alpha, 1)} \vee \square\, C_{(\beta, k)}^{\alpha}$. Hieraus folgt (2) aussagenlogisch. Somit ist insbesondere $\neg\, C^{(\alpha, 1)} \vee C_{o}^{\alpha}$ in $S$ herleitbar.

1.2. Es sei $\gamma\sigma\delta$, also $\delta$ von der Gestalt $(\gamma, i)$. Aus (1) folgt dann nach Satz 20.2

$$\neg \,\square\, C_{(\gamma, i)}^{(\alpha, 1)} \,\vee\, \neg \,\square\, A \,\vee\, \square\, C_{(\gamma, i)}^{\alpha}$$

Da $\square A$ ein Negativteil von $C_{\gamma}^{\alpha}$ ist, folgt aussagenlogisch

$$\neg\, C_{\gamma}^{(\alpha, 1)} \,\vee\, C_{\gamma}^{\alpha}$$

Wie unter 1.1 folgt $\neg\, C_{\beta}^{(\alpha, 1)} \vee C_{\beta}^{\alpha}$ für alle $\beta \leqslant \gamma$.

1.3. Es sei $\gamma \leqslant \delta$ und $S$ das System $S4$. Aus (1) und (Ax 1) folgt aussagenlogisch

$$\neg\, C_{\delta}^{(\alpha, 1)} \,\vee\, \neg \,\square\, A \,\vee\, C_{\delta}^{\alpha}$$

Wir beweisen durch Induktion invers zur Länge von $\beta$, daß

$$(3) \qquad\qquad \neg\, C_{\beta}^{(\alpha, 1)} \,\vee\, \neg \,\square\, A \,\vee\, C_{\beta}^{\alpha}$$

für alle $\beta \leqslant \delta$ in $S4$ herleitbar ist. Ist $\beta \prec \delta$, so gibt es $(\beta, k) \leqslant \delta$. Nach Induktionsvoraussetzung ist dann

$$\neg\, C_{(\beta, k)}^{(\alpha, 1)} \,\vee\, \neg \,\square\, A \,\vee\, C_{(\beta, k)}^{\alpha}$$

in $S4$ herleitbar. Nach Satz 20.2 folgt

$$\neg \,\square\, C_{(\beta, k)}^{(\alpha, 1)} \,\vee\, \neg \,\square\,\square\, A \,\vee\, \square\, C_{(\beta, k)}^{\alpha}$$

Mit (Ax 3) $\neg\,\square A \vee \square\square A$ folgt aussagenlogisch (3). Da $\gamma \leqslant \delta$ ist, ist also insbesondere die Formel $\neg\, C_{\gamma}^{(\alpha, 1)} \vee \neg\,\square A \vee C_{\gamma}^{\alpha}$ in $S4$ herleitbar. Da $\square A$ ein Negativteil von $C_{\gamma}^{\alpha}$ ist, folgt aussagenlogisch

$$\neg\, C_{\gamma}^{(\alpha, 1)} \,\vee\, C_{\gamma}^{\alpha}$$

Wie unter 1.1 folgt $\neg\, C_{\beta}^{(\alpha, 1)} \vee C_{\beta}^{\alpha}$ für alle $\beta \leqslant \gamma$.

1.4. Es sei $\delta\sigma\gamma$, also $\gamma$ von der Gestalt $(\delta, i)$, und $S$ sei das System $Br$. Da $\square A$ ein Negativteil von $C_{\gamma}$ ist, ist dann

$$\neg\,\neg\,\square\, A \,\vee\, C_{(\delta, i)}^{\alpha}$$

aussagenlogisch gültig, also in $Br$ herleitbar. Nach Satz 20.2 folgt

$$\neg\,\square\,\neg\,\square\, A \,\vee\, \square\, C_{(\delta, i)}^{\alpha}$$

Mit (Ax 4) $A \vee \square\neg\square A$ folgt aussagenlogisch

$$A \,\vee\, C_{\delta}^{\alpha}$$

Mit (1) folgt aussagenlogisch

$$\neg\, C_{\delta}^{(\alpha, 1)} \,\vee\, C_{\delta}^{\alpha}$$

Wie unter 1.1 folgt $\neg C_\beta^{(\alpha,\,1)} \vee C_\beta^\alpha$ für alle $\beta \leqslant \delta$.

1.5. $S$ sei das System $S5$.

Da $\square A$ ein Negativteil von $C_\gamma^\alpha$ ist, ist

$$\square A \vee C_\gamma^\alpha$$

aussagenlogisch gültig, also in $S5$ herleitbar. Wir beweisen durch Induktion invers zur Länge von $\beta$, daß

$$(4) \qquad\qquad \square A \vee C_\beta^\alpha$$

für alle $\beta \leqslant \gamma$ in $S5$ herleitbar ist. Für $\beta \prec \gamma$ gibt es $(\beta, k) \leqslant \gamma$. Nach Induktionsvoraussetzung ist dann $\square A \vee C_{(\beta,\,k)}^\alpha$ in $S5$ herleitbar. Aussagenlogisch folgt $\neg\neg\square A \vee C_{(\beta,\,k)}^\alpha$. Nach Satz 20.2 folgt

$$\neg\,\square\,\neg\,\square\,A \vee \square\,C_{(\beta,\,k)}^\alpha\,.$$

Mit (Ax 5) $\square A \vee \square\neg\square A$ folgt (4) aussagenlogisch. Somit ist insbesondere

$$(5) \qquad\qquad \square A \vee C_o^\alpha$$

in $S5$ herleitbar. Wie unter 1.3 ergibt sich (3) für alle $\beta \leqslant \delta$, also insbesondere

$$(6) \qquad\qquad \neg\,C_o^{(\alpha,\,1)} \vee \neg\,\square\,A \vee C_o^\alpha$$

Aus (5) und (6) folgt aussagenlogisch $\neg C_o^{(\alpha,\,1)} \vee C_o^\alpha$.

**2. Fall.** $\mathbf{R}^{(\alpha,\,1)}$ ist die $S$-Reduzierte von $\mathbf{R}^\alpha$ bezüglich einer $S$-Reduktion 3. Art an einer Stelle $\gamma \in I^\alpha$.

Dann hat man $I^{(\alpha,\,1)} = I^\alpha \cup \{(\gamma, n)\}$ und

$\mathbf{R}_{(\gamma,\,n)}^{(\alpha,\,1)} = A$, wobei $\square A$ ein Positivteil von $\mathbf{R}_\gamma^\alpha$ ist,

$\mathbf{R}_\beta^{\alpha,\,1)} = \mathbf{R}_\beta^\alpha$ für alle $\beta \in I^\alpha$.

In diesem Fall ist $C_\gamma^{(\alpha,\,1)} \equiv C_\gamma^\alpha \vee \square A$ und $\square A$ ein Positivteil von $C_\gamma^\alpha$. Daher ist $\neg C_\gamma^{(\alpha,\,1)} \vee C_\gamma^\alpha$ aussagenlogisch gültig, also in $S$ herleitbar. Wie unter 1.1 folgt $\neg C_\beta^{(\alpha,\,1)} \vee C_\beta^\alpha$ für alle $\beta \leqslant \gamma$. Hiermit ist der Beweis für das Lemma 3 abgeschlossen.

Da $\mathbf{R}$ ein $S$-Reduktionsbaum über $E$ ist, ist $C_o^o$ die Formel $E$. Mit den Lemmata 1 bis 3 ergibt sich für alle $\alpha \in J$ durch Induktion invers zur Länge von $\alpha$, daß $C_o^\alpha$ im System $S$ herleitbar ist. Folglich ist die Formel $E$ in $S$ herleitbar. Hiermit ist das *syntaktische Hauptlemma* bewiesen.

Zu jeder Formel $E$ läßt sich ein $S$-Reduktionsbaum über $E$ konstruieren. Ein solcher Baum enthält nur endlich viele Formeln. Es läßt sich daher entscheiden, ob der Reduktionsbaum geschlossen ist. Nach den beiden Hauptlemmata hat man hiermit zu jedem der vier Systeme $M$, $S4$, $Br$ und $S5$ ein *Entscheidungsverfahren* für die Herleitbarkeit einer Formel in dem betreffenden aussagenlogischen Modalitätensystem.

### § 23. Topologische Modelle des Systems $S4$

1. Unter einem *topologischen Raum* $(M, K)$ verstehen wir eine nichtleere Menge $M$ mit einem Kernoperator $K$, der jeder Teilmenge $U \subseteq M$ eine Teilmenge $KU \subseteq M$ so zuordnet, daß folgende Axiome gelten:

1.1. $KU \subseteq U$

1.2. $KKU = KU$

1.3. $KM = M$

1.4. $K(U_1 \cap U_2) = KU_1 \cap KU_2$.

2. Ein *topologisches Modell* $(M, K, T)$ erklären wir als einen topologischen Raum $(M, K)$ mit einer Funktion $T$, die jeder Aussagenvariablen $v$ eine Teilmenge $T(v) \subseteq M$ zuordnet.

In dem Modell $(M, K, T)$ wird zu jeder Formel $F$ eine Teilmenge $T(F) \subseteq M$ folgendermaßen induktiv definiert:

2.1. Für jede Aussagenvariable $v$ ist $T(v)$ durch das Modell gegeben.

2.2. $T(A \vee B) = T(A) \cup T(B)$

2.3. $T(\neg A) = M - T(A)$

2.4. $T(\square A) = KT(A)$

Eine Formel $F$ heiße *gültig* im topologischen Modell $(M, K, T)$, wenn $T(F) = M$ ist. Eine Formel heiße *topologisch allgemeingültig*, wenn sie in jedem topologischen Modell gültig ist. Wir werden sehen, daß eine Formel genau dann topologisch allgemeingültig ist, wenn sie $S4$-allgemeingültig, also im System $S4$ herleitbar ist.

3. Zu einem gegebenen $S4$-Modell $(M, R, W)$ definieren wir folgendermaßen ein *zugeordnetes* topologisches Modell $(M, K, T)$.

3.1. Für $U \subseteq M$ sei $KU$ die Menge derjenigen $\alpha \in M$, für die $\alpha R \beta$ höchstens dann gilt, wenn $\beta \in U$ ist.

3.2. Für eine Aussagenvariable $v$ sei $T(v)$ die Menge derjenigen $\alpha \in M$, für die $W(v, \alpha) = w$ ist.

Für $(M, K, T)$ gelten dann die folgenden beiden Lemmata.

**Lemma 1.** $(M, K)$ ist ein topologischer Raum.

**Beweis.**

1. Da $R$ reflexiv ist, folgt aus $\alpha \in KU$ nach der Definition von $K$, daß auch $\alpha \in U$ ist. Somit ist $KU \subseteq U$.

2. Es gelte $\alpha \in KU$ und $\alpha R\beta$. Da $R$ transitiv ist, folgt mit $\beta R\gamma$, daß $\gamma \in U$ ist. Hiermit ergibt sich $\beta \in KU$ und $\alpha \in KKU$. Somit ist $KU \subseteq KKU$. Mit 1. folgt $KKU = KU$.

3. $KM = M$ und $K(U_1 \cap U_2) = KU_1 \cap KU_2$ ergeben sich unmittelbar aus der Definition von $K$.

**Lemma 2.** Für jede Formel $F$ gilt $W(F, \alpha) = w$ genau dann, wenn $v \in T(\alpha)$ ist.

Beweis durch Induktion nach der Länge der Formel $F$.

1. $F$ sei eine Aussagenvariable. Dann gilt die Behauptung nach der Definition von $T$.

2. $F$ sei eine Formel $A \vee B$. Dann ist $T(F) = T(A) \cup T(B)$. Nach der Induktionsvoraussetzung gilt also $\alpha \in T(F)$ genau dann, wenn $W(A, \alpha) = w$ oder $W(B, \alpha) = w$, also $W(F, \alpha) = w$ ist.

3. $F$ sei eine Formel $\neg A$. Dann ist $T(F) = M - T(A)$. Nach der Induktionsvoraussetzung gilt also $\alpha \in T(F)$ genau dann, wenn $W(A, \alpha) = f$, also $W(F, \alpha) = w$ ist.

4. $F$ sei eine Formel $\square A$. Dann ist $T(F) = KT(A)$. Nach der Induktionsvoraussetzung gilt also $\alpha \in T(F)$ genau dann, wenn $W(A, \beta) = w$ für alle $\beta$ mit $\alpha R\beta$ gilt, also wenn $W(F, \alpha) = w$ ist.

**Satz 23.1 (Vollständigkeitssatz).** Jede topologisch allgemeingültige Formel ist im System $S4$ herleitbar.

Beweis. Ist $F$ nicht in $S4$ herleitbar, so gibt es nach § 22 (oder nach § 21) ein $S4$-Modell $(M, R, W)$ mit $W(F, \alpha) = f$ für ein $\alpha \in M$. In dem zugehörigen topologischen Modell $(M, K, T)$ ist nach Lemma 2 $\alpha \notin T(F)$, also $T(F) \neq M$. Dann ist $F$ nicht topologisch allgemeingültig.

**Satz 23.2 (Konsistenzsatz).** Jede im System $S4$ herleitbare Formel ist topologisch allgemeingültig.

Beweis durch Herleitungsinduktion.

1. Aus den Definitionen von $T(\neg A)$ und $T(A \vee B)$ folgt:

1.1. Jede aussagenlogisch gültige Formel ist topologisch allgemeingültig.

1.2. Sind $A$ und $\neg A \vee B$ topologisch allgemeingültig, so ist auch $B$ topologisch allgemeingültig.

2. Aus der Definition von $T(\Box A)$ und dem Axiom $KM = M$ folgt: Ist eine Formel $A$ topologisch allgemeingültig, so auch $\Box A$.

3. Wir haben noch zu beweisen: Ist $F$ eines der Axiome (Ax 1)–(Ax 3), so gilt $T(F) = M$ in jedem topologischen Modell $(M, K, T)$.

3.1. $F$ sei ein Axiom $\neg \Box A \vee A$. Dann ist $T(F) = (M - KT(A)) \cup T(A)$. Mit $KT(A) \subseteq T(A)$ folgt $T(F) = M$.

3.2. $F$ sei ein Axiom $\neg \Box (\neg A \vee B) \vee \neg \Box A \vee \Box B$. Dann ist

$$T(F) = [M - KT(\neg A \vee B)] \cup [M - KT(A)] \cup KT(B)$$

$$= [M - [KT(\neg A \vee B) \cap KT(A)]] \cup KT(B)$$

$$= [M - K[T(\neg A \vee B) \cap T(A)]] \cup KT(B)$$

Es ist

$$T(\neg A \vee B) \cap T(A) = [(M - T(A)) \cup T(B)] \cap T(A) = T(A) \cap T(B),$$

also $T(F) = [M - [KT(A) \cap KT(B)]] \cup KT(B) = M$.

3.3. $F$ sei ein Axiom $\neg \Box A \vee \Box \Box A$. Dann ist

$$T(F) = (M - KT(A)) \cup KKT(A) = (M - KT(A)) \cup KT(A) = M.$$

**Definition.** Als ein *topologisches Baum-Modell* bezeichnen wir ein topologisches Modell $(I, K, T)$, das einem $S4$-Baum-Modell $(I, \leqslant, W)$ zugeordnet ist. Hierbei ist $I$ ein Indexbaum, und für jede Teilmenge $U \subseteq I$ besteht der Kern $KU$ aus denjenigen $\alpha \in I$, für die $\alpha \leqslant \beta$ höchstens dann gilt, wenn $\beta \in U$ ist. Die offenen Mengen dieser Topologie bestehen aus allen denjenigen Teilmengen des Indexbaumes I, die mit jedem $\alpha$ auch alle $\beta \in I$ mit $\alpha \leqslant \beta$ enthalten.

Mit dem Vollständigkeitssatz des § 22 ergibt sich:

**Satz 23.3.** Für jede Formel $F$, die nicht topologisch allgemeingültig ist, gibt es ein endliches topologisches Baum-Modell, in dem $F$ ungültig ist.

Von den Modellen, die wir für das System $S4$ betrachtet haben, bilden diese endlichen topologischen Baum-Modelle $(I, K, T)$ ebenso wie die endlichen $S4$-Baum-Modelle $(I, \leqslant, W)$ die engste Klasse. Allgemeiner ist die Klasse beliebiger $S4$-Modelle $(M, R, W)$ und die Klasse aller topologischen Modelle $(M, K, T)$.

# Literatur

[1] BARCAN, RUTH C.: A functional calculus of first order based on strict implication. Journal of Symbolic Logic 11, 1–16 (1946).

[2] BETH, E. W.: Semantic entailment and formal derivability. Mededelingen der Kon. Nederl. Akad. Wetensch., Afd. Letterkunde, n.s. 18, 309–342 (1955).

[3] — Semantic construction of intuitionistic logic. Mededelingen der Kon. Nederl. Akad. Wetensch., Afd. Letterkunde, n.s. 19, 357–388 (1956).

[4] — Observations on an independence proof of Peirce's law (abstract). Journal of Symbolic Logic 25, 389 (1960).

[5] GENTZEN, G.: Untersuchungen über das logische Schließen. Math. Zeitschr. 39, 176–210, 405–431 (1934).

[6] HASENJAEGER, G.: Eine Bemerkung zu Henkin's Beweis für die Vollständigkeit des Prädikatenkalküls der ersten Stufe. Journal of Symbolic Logic 18, 42–48 (1953).

[7] HENKIN, L.: The completeness of the first-order functional calculus. Journal of Symbolic Logic 14, 159–166 (1949).

[8] KRIPKE, SAUL A.: A completeness theorem in modal logic. Journal of Symbolic Logic 24, 1–14 (1959).

[9] — Semantical analysis of modal logic (abstract). Journal of Symbolic Logic 24, 323–324 (1959).

[10] — The undecidability of monadic modal quantification theory. Zeitschr. f. math. Logik u. Grundl. d. Math. 8, 113–116 (1962).

[11] — Semantical analysis of modal logic I. Normal modal propositional calculi. Zeitschr. f. math. Logik u. Grundl. d. Math. 9, 67–96 (1963).

[12] — Semantical considerations on modal and intuitionistic logic. Acta Philosophica Fennica 16, 83–94 (1963).

[13] — Semantical analysis of intuitionistic logic I. Crossley-Dummett, Formal Systems and Recursive Functions. Amsterdam 1965, Seite 92–129.

[14] LEWIS, C. I. and C. H. LANGFORD: Symbolic Logic. New York 1932.

[15] MCKINSEY, J. C. C. and A. TARSKI: Some theorems about the sentential calculi of Lewis and Heyting. Journal of Symbolic Logic 13, 1–15 (1948).

[16] PRAWITZ, DAG: An interpretation of intuitionistic predicate logic in modal logic. Erscheint in Contributions to Mathematical Logic, Proceedings of the Logic Colloquium Hannover 1966.

[17] SCHÜTTE, K.: Ein System des verknüpfenden Schließens. Archiv f. math. Logik u. Grundlagenforschung 2, 55–67 (1956).

[18] — Beweistheorie. Berlin, Göttingen, Heidelberg 1960.

[19] — Zur Semantik der intuitionistischen Aussagenlogik. Erscheint in Contributions to Mathematical Logic, Proceedings of the Logic Colloquium Hannover 1966.

[20] VON WRIGHT, G. H.: An essay in modal logic. North-Holland 1951.

# Namen- und Sachverzeichnis

# Ergebnisse der Mathematik und ihrer Grenzgebiete